Ensayo

Gerardo Herrera Corral (Delicias, Chihuahua, 1963) es doctor en Física por la Universidad de Dortmund, Alemania, y ha realizado estancias posdoctorales en el Fermi National Accelerator Laboratory (Chicago, Estados Unidos), así como en el Centro Brasileiro de Pesquisas Físicas (Río de Janeiro, Brasil). Ha sido investigador en el Deutsches Elektronen-Synchrotron (DESY) en Hamburgo, Alemania, y en la Organización Europea para la Investigación Nuclear (CERN), en Ginebra, Suiza. Actualmente es profesor titular del Departamento de Física del Centro de Investigación y de Estudios Avanzados (CINVESTAV). Ha publicado más de 320 artículos en revistas internacionales especializadas en el área de física de partículas y es autor de los libros *Entre quarks y gluones. México en el cern* (2011), *El Gran Colisionador de Hadrones* (2013), *El Higgs, el universo líquido y el Gran Colisionador de Hadrones* (2014) y *Universo: la historia más grande jamás contada* (Taurus, 2016). Desde 1994 trabaja en la colaboración alice del Gran Colisionador de Hadrones en el cern, y desde 1997 es miembro del Instrumentation, Innovation and Development Panel del International Committee for Future Accelerators (ICFA). Fue Presidente de la División de Partículas y Campos, así como de la División de Física Médica de la Sociedad Mexicana de Física. También fungió como coordinador de uno de los cuatro proyectos aprobados en México de la Iniciativa Científica del Milenio apoyado por el Banco Mundial. Fue Secretario de la Academia Mexicana de Ciencias y es miembro del Sistema Nacional de Investigadores (nivel III).

Gerardo Herrera Corral

Universo:
la historia más grande jamás contada

DEBOLS!LLO

Universo
La historia más grande jamás contada

Primera edición en Debolsillo: octubre, 2021

penguinlibros.com

Diseño de portada: Penguin Random House / Maru Lucero

ISBN: 978-607-380-623-7

Impreso en México – *Printed in Mexico*

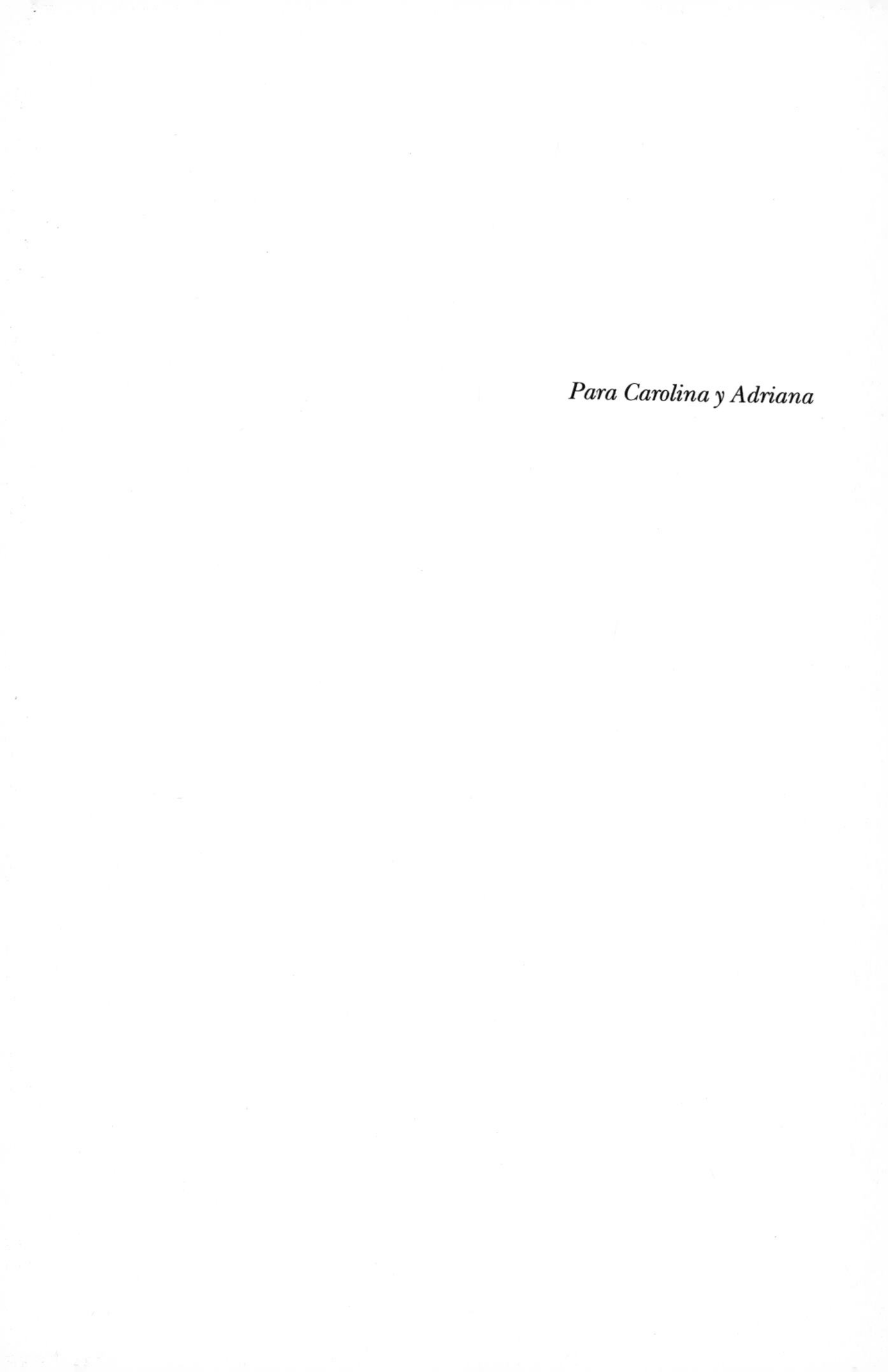

Para Carolina y Adriana

Soles y espirales, el primer día del mundo,
pescaditos chiquitos, pescaditos inmensos,
arenas, cristales, tus ojos bosquejados,
en playas del futuro, en rocas de mercurio,
celestes dibujados que se mueven en el tiempo,
nubes de lluvia y pena que tus lágrimas son fruto,
de aquel punto distante en que todo era uno y lo mismo,
caracolito sube, espiral de luna brilla en tu mejilla hermosa.

EDUARDO GATTI, "Aguamarina"

Índice

Agradecimientos

De acuerdo con las tradiciones de muchos pueblos, el destino es una sucesión ineludible de acontecimientos que determina la vida de las personas. Para los griegos, las Moiras eran divinidades que hilaban la hebra de la vida. Aparecían poco después del alumbramiento de un niño para acordar y disponer el curso de su existencia. Hay quien dice que la tradición japonesa del hilo rojo del destino (*Yīnyuán hóngxiàn*) podría ser de origen chino, aunque para unos, el hilo va unido a los tobillos, mientras que para otros el hilo está atado al dedo meñique. Según esta tradición, un hilo rojo vincula a las personas que de manera irrevocable deben unir sus vidas.

Aunque la palabra *destino* proviene del latín, algunos creen que su origen se remonta al griego *histano,* que originalmente significaba atar o sujetar. Una y otra vez, las culturas del mundo relacionan al destino con hilos que nos mueven o nos paralizan, nos unen o nos separan, nos conducen o nos delimitan. Resulta curioso que el estudio de la vida a través de la biología nos haya mostrado que nuestra información genética está cifrada entre dos hilos que se tuercen en espiral como en un tejido donde se encuentra urdida una parte de lo que somos y lo que seremos. No es la primera vez que una antigua metáfora encuentra su confirmación científica en la naturaleza de las cosas.

El destino que me llevó a escribir estas líneas se asentó hace mucho tiempo en un código genético que sufrió incontables modificaciones en su redacción. Los hábitos y las vivencias, atados entre causas y efectos, acabaron por conformar de manera más precisa lo que soy. En todo esto, mi madre no sólo proporcionó parte del hilo conductor de mi vida, fue además alimento, protección, cuidado y amor. Quiero, pues, agradecer a ella, que ahora se consume lentamente como la flama de una vela.

La vida que se acaba como el pabilo de algodón y la cera de una vela no parece una alegoría. Nuestros cuerpos obtienen la energía del oxígeno que respiramos al reaccionar con el hidrógeno que hemos incorporado a nuestras células. Vivimos, pues, como la flama de una vela que arde mientras la cera le proporciona hidrógeno. Lo mejor es que la flama se extinga cuando la cera se ha agotado y el pabilo de algodón también llega a su fin. Cuando eso ocurre, decimos que nuestro tiempo ha terminado y no podemos sino agradecer al momento en que la milagrosa chispa puso luz al cordón trenzado de hilaza.

Para mi mamá, el final de la vida está lleno de eventos incomprensibles. Habita un mundo que se ha transformado lentamente. Un día se encontró con una mujer extraña en el espejo. En el cielo de esa misma noche brilló el Sol y un mar de miedo se apoderó de su mente. En otra ocasión buscó un rostro entre la gente y no lo encontró más. Sus palabras se fueron escondiendo en silencios cada vez más largos y más profundos. Todos sus recuerdos se fueron con el viento y ella se quedó viviendo en un universo de sentimientos. El amor a su casa estuvo ahí por mucho tiempo, reflejado en su mirada, pero un día la mirada se quedó vacía. A esa mujer en el ocaso quiero agradecer todo lo que soy.

Prólogo

La época actual está marcada por imponentes descubrimientos, sofisticados instrumentos y ambiciosos proyectos científicos. Nuestra generación acaricia el comienzo de los tiempos y contempla, como ninguna antes lo hizo, el origen de todas las cosas. El descubrimiento del Higgs en julio de 2012 corroboró nuestras ideas acerca del origen de la masa y nos ofrece ahora la posibilidad de entender la inflación que debió haber ocurrido en los primeros instantes después del *Big Bang*. Más aún, el Higgs podría ser la explicación misma del universo estable que nos hace posibles.

La fotografía del universo temprano que nos deslumbró en 1992 fue actualizada en marzo de 2013 con los resultados de la misión Planck de la Agencia Espacial Europea al mostrarnos de nuevo el rostro de un universo recién nacido, de apenas 380,000 años de existencia. En esta ocasión, la inusitada y reveladora claridad de la fotografía nos proporciona la edad precisa del universo así como abundante información sobre su naturaleza. La tímida aparición de un líquido perfecto —posible sustancia germinal cósmica— observada en el Acelerador Relativista de Iones Pesados de Brookhaven se confirma a una temperatura aun mayor en el experimento ALICE (*A Large Ion Collider Experiment*: Experimento del Gran Colisionador de Iones) del Gran Colisionador de Hadrones de la Organización

Europea para la Investigación Nuclear (CERN, por sus siglas en francés). Este descubrimiento augura una revolución del pensamiento, que confirmaría la alucinante visión de un universo holográfico que propone la teoría de cuerdas.

La existencia de ondas gravitacionales que dejan su huella en la polarización de la radiación cósmica de fondo es la primera muestra de que nuestro universo sufrió un repentino proceso de crecimiento al que llamamos inflación cósmica y, sin duda, constituye una de las observaciones recientes más espectaculares. Éstos son sólo algunos de los logros más deslumbrantes de la ciencia en la época en que vivimos.

México empieza a formar parte de los grandes proyectos científicos. Un grupo constituido por investigadores de varias instituciones del país se incorporó en 1995 al experimento ALICE del Gran Colisionador de Hadrones del CERN. En fechas más recientes, otro grupo se integró a la colaboración CMS (*Compact Muon Spectrometer*: Espectrómetro Compacto de Muones), uno más participa en el observatorio de rayos cósmicos Pierre Auger y se construyó en México el detector de rayos gamma HAWC (acrónimo de *High Altitude Water Cherenkov*: observatorio a gran altura de agua Cherenkov), mientras sigue discutiéndose la participación de nuestros investigadores en otros muchos proyectos de Gran Ciencia.

Sin embargo, apreciar los resultados y entender los motivos de los grandes proyectos sólo es posible cuando se ve el cuadro completo. La obsesión de los científicos por un pequeño fragmento de la realidad está siempre relacionada con la visión de un universo inmenso, majestuoso y fascinante. La pasión del científico se alimenta de la conexión que ve y establece entre su trabajo y el paisaje entero. La belleza singular del detalle que lo ocupa proviene del vínculo de ese pormenor con algo más grande.

Por otro lado, a aquellos que no son científicos, el conocimiento de los avances de la ciencia les proporciona mayor riqueza a sus vidas, dándole valor y sentido a lo que de otra manera pasaría inadvertido. Les brinda, además, la oportunidad de colocarse ante lo desconocido y percibir de esa manera el sentimiento más profundo que puede experimentar el ser humano: esa sensación de misterio ante lo que se nos aparece como inasible, profundo y cautivador. Ahí, en lo impenetrable, se manifiesta la belleza insondable, la eternidad indiferente y la culminación de la conciencia.

Este libro pretende ser un recuento de la historia del universo. Está guiado por un diagrama cronológico en la que se marcan las fechas más notables. Cada una de ellas constituye un capítulo. La palabra recontar tiene dos acepciones: una, la de dar a conocer los hechos y otra la de contar reiteradamente una serie de acontecimientos. En ambos sentidos, recontar

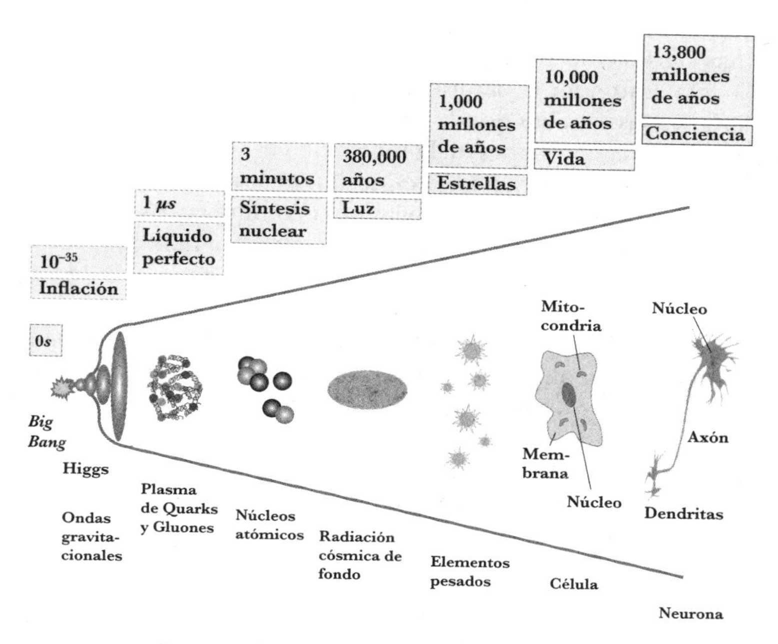

Los grandes momentos de nuestro universo.

la historia nos permite hacer un inventario, como el que se ofrece al lector en estas páginas.

La estructura del relato es inversa a aquella en que discurre el espacio-tiempo del universo. Comenzaremos con el presente para buscar en el pasado próximo las razones de lo que vemos hoy. Esta búsqueda de antecedentes y causas nos llevará a lo más remoto de nuestro origen, en pasos que nos revelarán hechos cruciales sobre la procedencia de lo que nos rodea.

La estructura del relato está atada a un hilo que nos lleva de una etapa a la inmediatamente anterior, buscando la causa del evento central de cada una en la precedente. Así, revisaremos lo fundamental de la conciencia, lo cual nos llevará a buscar su origen en la vida; después, veremos los principios básicos de la vida, y esto nos obligará a entender la manera como la naturaleza une los átomos y, al hacerlo, veremos con más claridad las propiedades singulares de los elementos de la vida. Entender la naturaleza especial de estos ladrillos nos llevará a las estrellas donde se producen y entonces admiraremos las irregularidades de la radiación cósmica de fondo que hicieron posible al Sol. La producción de los primeros átomos que acabaron formando estrellas nos detendrá en los primeros minutos del universo. Después, ya no quedará más que mirar atrás, para entender los componentes más elementales de los átomos. El origen de los quarks y los leptones nos remite a la inflación cósmica y al campo que los hizo posibles. Éste es el mismo campo que probablemente estabilizó al universo, dándole cuerpo y forma. Y al final: el principio, el momento cero de la Gran Explosión. De esta forma, siguiendo esta cronología inversa, siguiendo el hilo hacia el centro mismo del laberinto, se irá revelando ante nuestros ojos la historia más grande jamás contada.

Introducción

Al universo le tomó menos de una hora hacer los átomos, pocos cientos de millones de años hacer las estrellas y planetas, pero cinco mil millones de años para hacer al hombre.
George Gamow, *The Creation of the Universe*

Átomos

El modelo del átomo más usado por físicos, químicos e ingenieros es el propuesto por Niels Bohr en 1913. El ahora llamado "átomo de Bohr", en honor a este físico danés, fue descrito en tres artículos con el mismo título: "Sobre la constitución de los átomos y las moléculas", publicados en la revista *Philosophical Magazine.*[1] En 2013 se cumplieron cien años de este modelo atómico, que, aunque ya no sea válido, sigue siendo un referente fundamental. Su validez ha caducado porque se trata de un modelo incongruente con los fundamentos de la mecánica cuántica.

El átomo de Bohr consta de un núcleo esférico donde se concentran los protones y los neutrones, alrededor del cual giran los electrones en órbitas circulares cuyo radio depende de la energía del electrón. Sólo existen algunas órbitas posibles por las que los electrones pueden pasar de una a otra de manera instantánea, es decir, sin que se los pueda sorprender en un punto intermedio.

[1] Niels Bohr, "On the Constitution of Atoms and Molecules", pp. 1-25, 476-502, 857-875.

El átomo de Bohr fue concebido para describir el átomo de hidrógeno, que es el elemento más sencillo de la naturaleza y el más abundante en todo el universo. Antes de que Bohr planteara su modelo, ya se conocía el espectro de este átomo, es decir, se sabía el color de la luz que emiten los átomos de hidrógeno y se conocía con detalle cada una de sus franjas de luz, que se dibujan de manera similar a como se dibuja un arcoíris en el cielo.

Cada elemento tiene un espectro que lo caracteriza como si fuera su huella digital. El del hidrógeno había sido estudiado por el suizo Johan Balmer, el estadounidense Theodore Lyman y el sueco Johannes Rydberg, entre otros. Sin embargo, estas franjas de luz no se entendían de una manera simple; Bohr ideó su modelo atómico para describir de forma sencilla todas las franjas observadas en el hidrógeno.

Ahora, más de cien años después de que Bohr propusiera su modelo, si quisiéramos mostrar a seres inteligentes de otros planetas que en la Tierra tenemos un desarrollo racional, podríamos presentar el espectro de hidrógeno. Si los extraterrestres son inteligentes, entenderán de qué estamos hablando y

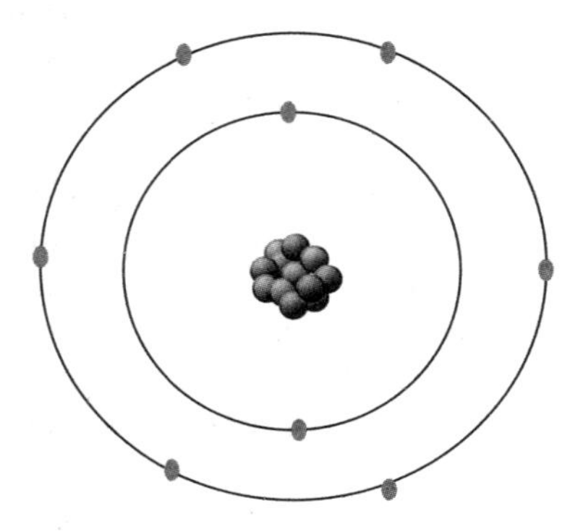

Átomo de oxígeno, según el modelo de Bohr. El núcleo está formado por ocho neutrones (*azules*) y ocho protones (*grises*) que se neutralizan eléctricamente con ocho electrones que giran alrededor del núcleo.

en respuesta quizá podrían enviarnos el átomo de Bohr, que expresa lo mismo de manera más simplificada. De este modo ellos nos mostrarían que son más sintéticos y nosotros podríamos replicar con la ecuación de Schrödinger, que constituye el siguiente paso en el desarrollo de las ideas acerca del átomo.

Muy pronto, con la llegada de la mecánica cuántica, el átomo de Bohr perdió validez, aunque el modelo continúa siendo el más usado en todas las áreas de la física. Es el símbolo más frecuente de la física.

De acuerdo con la mecánica cuántica no deberíamos pensar en el átomo como electrones circulando alrededor de un núcleo, sino como una combinación de partículas y ondas. La descripción del átomo se hace mediante una función de onda con la que es posible calcular la probabilidad de encontrar al electrón. Esto define una nube de probabilidades que se vuelve más densa a medida que aumenta la probabilidad de encontrar el electrón.

Cuando un átomo de hidrógeno se encuentra en su estado de menor energía, la probabilidad de encontrar a los electrones alrededor del núcleo toma la forma de una nube esférica que se desvanece a medida que nos alejamos del centro. En el modelo atómico de Bohr, el electrón del hidrógeno —en su estado de energía más bajo— se encuentra a 0.000,000,005,29 centímetros del núcleo. En el modelo cuántico, decimos que "en promedio" el electrón se encuentra a esa distancia, pero existe la probabilidad de encontrarlo en otra parte. Más aún, decimos que de cada cien veces que observemos un átomo de hidrógeno en su estado más bajo de energía en 32 ocasiones hallaremos al electrón dentro de un círculo con el "radio de Bohr" y en 68 ocasiones lo encontraremos fuera de este círculo.

Cuando el átomo adquiere energía decimos que está excitado. Las nubes de probabilidad de los electrones comienzan a tomar formas más complicadas; cuando los átomos tienen números atómicos mayores, en otras palabras, si tienen más

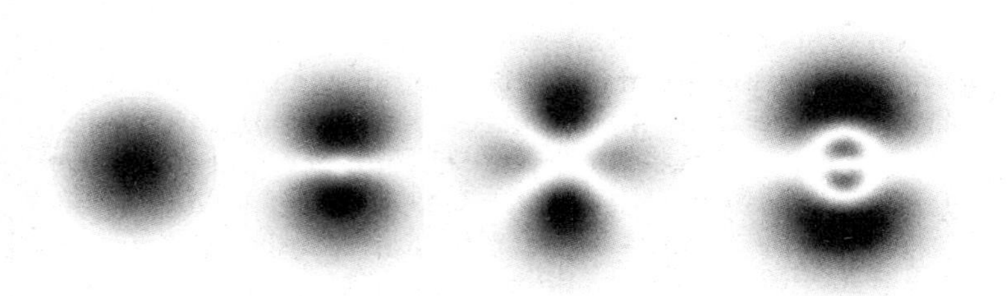

Izquierda: átomo de hidrógeno en su nivel de energía más bajo. Su diámetro es de un angstrom aproximadamente, es decir, 0.000,000,0001 metros. En progresión a la derecha: átomo de hidrógeno con creciente nivel de excitación. Las nubes representan las densidades de probabilidad de encontrar al electrón.

protones en el núcleo, la forma de las nubes de probabilidad se complica.

La mayoría de los átomos en la naturaleza tienen la forma de una pelota de futbol americano; sin embargo, en 2013 se descubrió que algunos núcleos atómicos muy inestables tienen forma de pera. Dicha forma, en núcleos inestables, está prevista en los modelos más actualizados de los átomos.

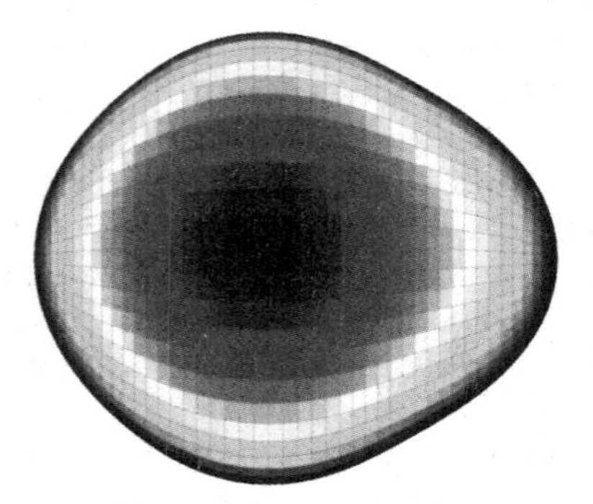

Forma de un átomo de radón 224 que se deduce de las mediciones hechas en el CERN. Fuente: © CERN.

En el Centro Europeo de Investigaciones Nucleares (CERN) se pueden producir átomos muy pesados mediante el choque de protones de alta energía en un blanco hecho de uranio. Tras seleccionar los átomos deseados, se puede acelerarlos hasta que alcanzan ocho por ciento de la velocidad de la luz para luego hacerlos chocar contra una delgada hoja de níquel o de cadmio. Cuando estos átomos colisionan con la fina hoja, los campos electromagnéticos de los átomos excitan a los núcleos. Se puede observar su movimiento para obtener información sobre la forma que tienen estos núcleos. Este procedimiento se lleva a cabo en uno de los laboratorios del CERN llamado Isotope Mass Separation On Line Facility (ISOLDE), donde se producen átomos muy inestables porque tienen un número muy grande o muy pequeño de neutrones, es decir, son radiactivos.

Antiátomos

El hidrógeno es el átomo de materia más simple, está compuesto de un protón y un electrón. De manera similar, el antihidrógeno es el más simple de los átomos de antimateria: está compuesto de un antiprotón y de un antielectrón. Los antielectrones son conocidos también como positrones.

En 1995 se obtuvieron, en el CERN, los primeros antiátomos de hidrógeno. La técnica para producirlos era poco eficiente, pues consistía en bombardear con antiprotones un blanco de átomos pesados y luego esperar a que brotaran de ahí pares de electrón y positrón. Luego, eventualmente, uno de estos positrones se asociaba a un antiprotón para formar un antiátomo de hidrógeno. Los átomos de antihidrógeno así producidos pueden llegar a vivir 40 millonésimas de segundo, lo que les permite recorrer algunos metros a una velocidad cercana a la de la luz antes de aniquilarse y desaparecer en un destello.

A comienzos del año 2000, en el CERN se construyó un "reductor de velocidad", capaz de disminuir la velocidad de antiprotones a una décima parte de la velocidad de la luz. Siendo más lentos, los antiprotones se pueden mezclar mejor con positrones para formar antiátomos. La colaboración Antihydrogen Laser Physics Apparatus (ALPHA) fue la primera en publicar sus resultados en 2010. En el experimento ALPHA se logró ralentizar 30,000 antiprotones fabricados por el moderador del CERN. El decelerador o reductor de velocidad proporcionó los antiprotones y, con el uso de fuentes radiactivas, se crearon positrones que, al mezclarse, formaron antiátomos.

Al igual que los átomos, los antiátomos son neutros, por lo que resulta difícil atraparlos con campos electromagnéticos. No obstante, se puede hacer buen uso del momento magnético de los antiátomos para dirigirlos y conservarlos por un instante. De esta manera se consiguió atrapar, primero, 38 antiátomos por 172 milisegundos y, después, en 2011, 309 átomos de antihidrógeno durante 1,000 segundos, es decir, 17 minutos. Nunca antes se había podido conservar la antimateria por tanto tiempo.

Si la antimateria se comporta como pensamos, debe respetar los preceptos del teorema de conjugación de carga, paridad y tiempo (CPT). Tal teorema afirma que si en nuestro universo se transforma primero la carga de las partículas en su opuesto —es decir, todas las cargas positivas en negativas y, de manera correspondiente, las negativas en positivas—, las coordenadas espaciales se invierten de manera tal que la izquierda se convierta en derecha y la derecha en izquierda; el arriba en abajo y el abajo en arriba, y el tiempo se invierte, de modo que corre hacia el pasado: entonces tendremos un universo con las mismas características que el nuestro. Ésta es una manera de decir que hemos transformado al universo de partículas en un universo de antipartículas. Hasta ahora no hemos observado la violación a este teorema de conservación de carga, paridad y tiempo.

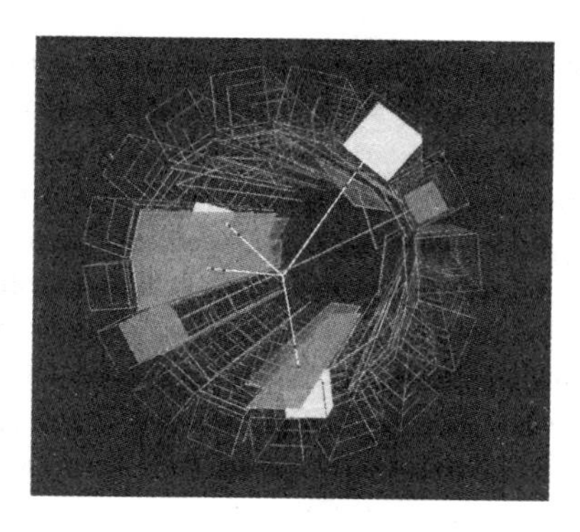

Imagen que muestra la aniquilación de materia y antimateria, debida a la presencia de un átomo de antihidrógeno en el experimento ATHENA de CERN. Al aniquilarse, el antiprotón produce cuatro piones cargados (líneas blancas) que impactan en el detector. El antielectrón también se aniquila produciendo dos fotones (líneas azules) en direcciones opuestas. Fuente: © CERN.

Si los antiátomos que se produzcan en el CERN irradian luz de la misma manera y el mismo color en que lo hacen los átomos de hidrógeno, entonces el teorema CPT será válido. Para establecer la validez o ruptura de esta simetría, es decir, para poder concluir que la materia es el reflejo perfecto de la antimateria, es necesario buscar la diferencia más pequeña entre átomos y antiátomos. El comportamiento de la antimateria constituye un tema de estudio de gran interés.

Se han formulado muchas preguntas entorno a la antimateria. ¿Los átomos de antihidrógeno caen de la misma manera como caen los átomos de materia, obedeciendo las leyes de la gravedad? ¿La antimateria tiene una masa negativa? En otras palabras, ¿una manzana de antimateria al madurar caería, no al suelo, como ocurre con la materia, sino hacia arriba? Para estudiar esto, en el CERN se diseña y construye un nuevo experimento llamado Antihydrogen Experiment: Gravity, Interferometry, Spectrometry (AEGIS), es decir, experimento de antihidrógeno para estudiar gravedad, interferometría y espectroscopia.

En 2013, el CERN empezó la construcción del Anillo de Antiprotones de Energía Extra Baja (Extra Low Energy Antiproton Ring: ELENA), que comenzará a funcionar alrededor de 2016. Esta nueva máquina reemplazará al actual Desacelerador de Antiprotones (Antiproton Decelerator: AD). El nuevo desacelerador incrementará el número de átomos de antimateria que pueden ser producidos y estudiados en los experimentos. Tendrá una circunferencia de 30 metros y llevará a los antiprotones de 5.3 MeV (megaelectronvoltios) a una energía de 100 keV (kiloelectronvoltio).

En la actualidad, 99.9 por ciento de los antiprotones que proporciona el AD se pierden por el repetido uso de hojas de material que deceleran el haz hasta tenerlas a 5 keV, que es la energía necesaria para atraparlos. ELENA incrementará la eficiencia en un factor de 10 a 100, además de dar espacio para el experimento AEGIS, que mencionamos anteriormente. Si este experimento confirma que la antimateria cae hacia arriba, tendremos que repensar una buena parte de la física moderna.

El universo y la nada

Para propósitos prácticos, podemos decir que el universo está formado de hidrógeno en un 75 por ciento y de helio en el 25 por ciento restante. Por supuesto, esto no explica que nosotros estemos formados de carbono, nitrógeno y oxígeno, así como de elementos más pesados. La verdad es que nosotros y nuestro planeta estamos hechos de elementos cuya cantidad porcentual no figura de manera grandiosa en la bastedad del universo. La abundancia de elementos pesados en el universo es muy pequeña: sólo 0.03 por ciento de lo que vemos en el cosmos está constituido por elementos pesados.

Sin embargo, hoy pensamos que 96 por ciento de lo que forma al universo es algo misterioso a lo que hemos denominado materia oscura y energía oscura.

En apariencia, sólo 4 por ciento del contenido del universo es visible. Ésta es la materia ordinaria que forma las estrellas, los planetas y las nubes de gas en el espacio exterior.

Además de esta materia visible, el universo debe estar compuesto en un 24 por ciento de materia oscura que ejerce una atracción gravitacional indispensable para explicar el movimiento de las galaxias. Su verdadera naturaleza ha sido objeto de muchas hipótesis: astros sombríos que no emiten luz, partículas desconocidas con propiedades inconcebibles, incluso la posibilidad de un error en nuestra descripción actual del universo.

La energía oscura que constituye 72 por ciento del cosmos es desconocida. Esta energía dilata el espacio y parece una fuerza de antigravedad.[2]

Los físicos acostumbramos decir que el universo es finito pero sin límites. Una esfera es un ejemplo de geometría sin límites, en el que sus habitantes nunca encontrarán fronteras. Podemos imaginar a la esfera como una superficie en dos dimensiones que se curva, sin embargo, imaginarse un universo esférico tridimensional, como sugieren algunas personas que podría ser el nuestro, es más difícil. En un universo esférico, una nave que parta de nuestro planeta en una dirección dada —por ejemplo, el Voyager lanzado al espacio el 5 de septiembre de 1977— llegará en algún momento hasta nosotros por el lado opuesto.

Según el modelo cosmológico actualmente aceptado, es imposible predecir lo que sucedió antes de que transcurrieran los primeros 10^{-44} segundos de existencia del universo.

---

[2] Hubert Goenner, "Einfuehrung in die Kosmologie", p. 10.

Este tiempo tan corto es conocido como tiempo de Planck. Ni la relatividad general, ni la mecánica cuántica podrán explicar estos primeros momentos del universo. Para mirar más allá de ese instante, debemos elaborar una nueva física que incluya las dos grandes teorías: la de lo microscópico (mecánica cuántica) y la de lo macroscópico (relatividad general). Tenemos candidatos de lo que puede ser esta teoría: la teoría de cuerdas y la gravedad de lazos son algunas de las ideas en desarrollo que han logrado establecer un esquema teórico que reúna a las dos.

En el laboratorio hemos logrado recrear las condiciones del universo temprano. El Gran Experimento de Colisionador de Iones (A Large Ion Collider Experiment: ALICE) estudia la colisión de iones pesados ultrarrelativistas en el Gran Colisionador de Hadrones del CERN. En el choque de iones de plomo se ha conseguido reconstruir las condiciones del universo cuando éste tenía un microsegundo de edad. Si bien esto representa un logro increíble en el nivel de profundidad al que hemos llegado, un microsegundo, es decir, 10^{-6} segundos está aún lejos, muy lejos del tiempo de Planck.

El vacío es una parte importante de lo que forma al universo y no es sólo la nada sin propiedades. Aunque en términos cotidianos el vacío es la ausencia de materia en una cierta región del espacio, para los físicos el vacío se define de manera más precisa.

Todo lo que nos rodea está formado por campos. Existen campos de materia, campos de fuerza y el campo de Higgs. El vacío es el estado en el que los campos toman su valor de energía más bajo. Para casi todos los campos, la energía obtiene su valor más bajo cuando el campo es cero. Es decir, obtenemos el vacío de esos campos, en una región dada, eliminándolos. Por ejemplo: para los campos de materia decimos que tiene su valor más bajo cuando no hay materia. El campo de Higgs, sin embargo, es diferente en el sentido en que eliminarlo de una región tendría un costo en energía. El campo de Higgs tiene su nivel más bajo de energía cuando es uniforme y diferente de cero. En ese sentido, en el vacío físico, el campo de Higgs está siempre presente.

La descripción del mundo microscópico se basa en la mecánica cuántica, que establece una incertidumbre en la localización de las partículas y les asigna una función de onda que se extiende en el espacio. Este hecho implica la presencia de campos que fluctúan y que dan origen a una actividad frenética que lo llena todo. Para los físicos, el vacío está lleno de campos en constante actividad.

La luz

La luz nace con el universo al momento de la Gran Explosión como un diminuto resplandor que probablemente hubiera desaparecido tan pronto como apareció, de no ser por el repentino crecimiento que experimentó un instante después de su nacimiento. A este vertiginoso periodo se le ha llamado inflación cósmica. Cuando la inflación terminó 10^{-35} segundos después de que había iniciado, una parte de la luz había adquirido masa formando partículas elementales en la diversidad que conocemos ahora. Hasta ese momento todo era luz.

No obstante, es importante decir que "el resplandor crepuscular del universo", en cierta forma, ocurrió 380,000 años después de la Gran Explosión, cuando los protones empezaron a atrapar electrones para formar átomos. Cuando esto sucedió, la luz quedó libre e hizo transparente al universo, lo que podemos decir de manera figurativa: "y la luz se hizo". Existen estos dos momentos "luminosos" en la historia del universo. La luz que se liberó en el universo temprano es ahora de una longitud de onda tal que no la podemos ver. Esta luz se propaga por el espacio y la expansión del espacio mismo ha alargado la longitud de onda haciendo que su energía disminuya.

La luz del Sol, aquella que se produce en su superficie, necesita casi ocho minutos para llegar a la Tierra. Esto significa que cualquier fenómeno que ocurra en la superficie del Sol, como el surgimiento o la desaparición de una prominencia, será vista en la Tierra ocho minutos después. Por su parte, la luz que se refleja en la Luna necesita 1.278 segundos para llegar hasta nosotros en la Tierra. De tal manera que no sabremos lo que pasa con nuestros astronautas en la Luna antes de 1.3 segundos.

En este sentido, siempre vemos lo que ocurrió un tiempo antes cuando la luz comenzó a propagarse llevando la información de lo ocurrido. Cuando vemos a la persona con la que estamos hablando, podríamos pensar que estamos percibiendo sus gestos en ese mismo instante, pero eso no es así: si la persona se encuentra a 90 centímetros de distancia mientras conversamos, entonces sólo veremos la luz que se refleja en su rostro tres nanosegundos después. Es decir, estaremos viendo que ha comenzado a reír tres nanosegundos después de que lo haga. Es cierto que tres nanosegundos es poco tiempo, pero no es igual a cero. Tres nanosegundos son 3,000 millonésimas de segundo, y es el tiempo aproximado que necesita la luz para recorrer 90 centímetros de distancia. También uno podría querer acercarse para tener la información más actual, pero la distancia finita siempre implica un tiempo de recorrido para la luz que lleva la información.

La teoría de la relatividad estableció la imposibilidad de la simultaneidad absoluta: "Es imposible decir que dos eventos ocurren de manera simultánea en términos absolutos".

Es común que uno encuentre en camisetas, grafitis, etcétera, escritos como el que se muestra en la figura siguiente. Lo que se puede leer ahí son las ecuaciones de Maxwell. Estas ecuaciones son la descripción moderna que tenemos de la luz. James Clerk Maxwell, físico escocés, demostró que la electricidad, el magnetismo y la luz son manifestaciones de una misma cosa.

Y dijo Dios:

$$\nabla \cdot D = \rho$$

$$\nabla \cdot B = 0$$

$$\nabla \times E = -\partial B/\partial t$$

$$\nabla \times H = j + \partial D/\partial t$$

...y la luz se hizo.

Las ecuaciones de Maxwell sintetizan la naturaleza de la luz.

Asimismo, Maxwell es el protagonista de una de las escasas y grandes ocasiones en que se han unificado conceptos en la historia de la Física. No es tan conocido como Isaac Newton o Albert Einstein, pero su trabajo es, sin duda, tan grandioso como el de los físicos más importantes de todos los tiempos. A él le debemos la manera actual de entender la luz.

Maxwell nos mostró que la luz no es otra cosa que la oscilación de campos eléctricos y magnéticos en la forma de una onda como las que podemos ver cuando lanzamos una piedra a un estanque. Estas ondulaciones de los campos eléctricos pueden tener diferentes frecuencias y producir luz de diferentes colores. Más aún, las oscilaciones pueden ser tales que su luz no se perciba con los ojos por ser muy rápidas o muy lentas. Nuestros ojos son sensibles a un intervalo pequeño de frecuencias. Si las oscilaciones de los campos eléctricos y magnéticos son muy rápidas, la luz no será advertida por los ojos humanos. Lo mismo ocurre si las oscilaciones son muy lentas.

Existe una cantidad mínima de luz. Si uno tiene una lámpara regulable con una manivela que permita disminuir la intensidad de la luz de manera gradual, entonces podríamos bajar la intensidad de la lámpara hasta un punto en que nuestros ojos no perciban más. Antes de la oscuridad total, la lámpara emitirá cantidades de luz muy pequeñas. En algún momento de nuestra gradual disminución de intensidad, la lámpara emitirá una cantidad mínima de luz. Aun si moviéramos la manivela de manera continua, no sería posible emitir la mitad de esa cantidad. Podríamos duplicar la cantidad de luz, pero no reducir a un tercio de ella. A esta cantidad mínima de luz la llamamos fotón.

El descubrimiento del fotón como cantidad mínima de luz tiene poco más de un siglo; este hecho forma parte de los cimientos de la mecánica cuántica. La palabra *cuántica* proviene del latín *quantitas*, que describe aquello que es cuantificable, es decir, que puede ser contado. Los fotones pueden ser contados, asimismo, la luz es de naturaleza cuántica porque viene en paquetes de luz mínima que puede ser contada.

La luz es partícula y es onda. En esta dualidad está el desconcierto de la mecánica cuántica, porque de igual manera se manifiesta como paquetes de energía, a lo que llamamos fotones, que como onda electromagnética. Por increíble que parezca, a pesar de la gran cantidad de estudios sobre la luz y la gran familiaridad que hemos alcanzado con ella, todavía estamos aprendiendo cosas nuevas. Una de las propiedades más asombrosas de la luz ha sido develada en el Gran Colisionador de Hadrones en julio de 2012. De acuerdo con nuestra actual concepción de la materia, la luz es la esencia misma de la interacción electro débil; es el representante de una interacción fundamental, es decir, de una fuerza en la naturaleza, a saber, la fuerza electromagnética.

Uno puede pensar que la luz es muy importante en nuestras vidas. Sin embargo, que ella se refleje en los objetos para darnos una imagen de los mismos no es quizá tan importante como el hecho de que sea mediadora de la interacción que nos hace posibles. En este aspecto fundamental de la luz es que el Gran Colisionador de Hadrones tiene mucho que decir.

El universo parece tener ciertas simetrías, lo cual implica que la luz se pueda manifestar de otras formas más allá de las familiares. Así, por ejemplo, la luz como la conocemos en nuestro diario vivir está hecha de fotones que no tienen masa, pero podríamos tener un tipo de luz con masa. Desde julio de 2012 sabemos que el Higgs existe y sabemos, por tanto, que la luz puede tomar la forma de partículas más pesadas que dan cuenta de una fuerza a la que conocemos como "fuerza débil". De esta manera, podemos entender a la fuerza electromagnética y a la fuerza débil como dos aspectos de la misma cosa y a la luz como una partícula que puede adquirir masa para ser mediadora de la fuerza débil o no hacerlo para ser mediadora de la fuerza electromagnética.

Al descubrir el Higgs hemos entendido algo muy profundo sobre la luz: que es la responsable de dos interacciones y que, para hacerlo, los fotones se presentan en la naturaleza con y sin masa como dos aspectos de la misma cosa. La partícula conocida como Z^0 es una especie de fotón pero con masa; de hecho, tiene tanta masa que es más pesada que un átomo de hierro. Ser tan robusta hace que los procesos donde interviene tengan una duración tan corta como 10^{-25} segundos.

Sobre el comportamiento de la luz tenemos una sospecha adicional. Actualmente separamos todo lo que nos rodea en dos entidades: materia y fuerza. La materia tiene características que la hacen comportarse de una cierta forma. A sus componentes más elementales los llamamos fermiones. Las fuerzas, por otra parte, están mediadas por partículas como el fotón o por otras partículas a las que por sus propiedades llamamos bosones.

Sin embargo, los bosones y los fermiones, es decir, las partículas de materia y las partículas de fuerza, podrían ser una misma cosa. Si esto es así, lo sabremos por el Gran Colisionador de Hadrones. Éste es uno de los más grandes misterios de la física de nuestros días. Como mediadora de dos de las cuatro fuerzas conocidas en la naturaleza, de nuevo la luz está en el ojo del huracán porque podría ser, además de mediadora de dos interacciones, un aspecto más de la materia.

¡Decir que la materia y las fuerzas son la misma cosa es mucho decir! Hasta ahora no tenemos evidencia de una tal aseveración, pero es uno de los temas centrales de investigación del proyecto Gran Colisionador de Hadrones. Sobre la búsqueda de supersimetría sabremos más en los próximos años. Si se llegase a encontrar supersimetría en la naturaleza, podríamos decir que la luz no es sólo onda y partícula a la vez, sino que también es materia y fuerza al mismo tiempo.

El Higgs y la estructura de la materia

En 1993, Leon Lederman, físico estadounidense y premio Nobel de Física, escribió con Dick Teresi *La partícula de Dios,* un libro de divulgación científica en el que relata brevemente la historia de la física de partículas, comenzando con los griegos para llegar hasta 1993. El título de este libro se refería al Higgs que en ese tiempo no había sido observado y que escapaba a todo intento por verlo. Los autores dan una explicación al sobrenombre que le dieron al Higgs, diciendo: "Este bosón es tan central para la física actual, tan crucial para nuestra comprensión de la estructura de la materia y, sin embargo, tan elusiva, que le he dado el sobrenombre de partícula de Dios. ¿Por qué 'partícula de Dios'? Hay dos razones: una que el editor no nos permitirá llamarla condenada partícula (*Goddamn Particle*), aun cuando sería el nombre más apropiado dada su naturaleza villana y los gastos que ocasiona. Y dos, hay una conexión de ordenamiento a otro libro, uno mucho más viejo (refiriéndose a la Biblia a través de la historia de la Torre de Babel)".

Ésta es la explicación de los autores del libro, cuyo título acabó bautizando al recién descubierto bosón para el gran público, no obstante los físicos no la llaman así y muy pocos se complacen de este nombre.

La formulación de Lederman con respecto a los gastos que ocasiona el Higgs es insidiosa porque, como sabemos todos —y Lederman mejor que nadie—, los gastos no son por el Higgs, sino por la búsqueda de conocimiento. La búsqueda del conocimiento tiene muchas consecuencias y una repercusión incalculable en todos los ámbitos de la tecnología.

En todo caso, y para hablar de los costos del proyecto Gran Colisionador de Hadrones, que además del Higgs tiene por objetivo la búsqueda de dimensiones extras, el estudio de la materia y la antimateria, el estudio de la naturaleza de la materia oscura, de la comprensión del universo temprano y la búsqueda de supersimetría entre otros muchos, diremos que el acelerador por sí solo costó aproximadamente 4,600 millones de francos suizos, es decir, cerca de 3,000 millones de euros. Si consideramos además el costo de los detectores que estudian las colisiones que produce el acelerador, el costo del proyecto Gran Colisionador de Hadrones es de 6,000 millones de francos suizos.

Para dar más detalles, diremos que la máquina que acelera los protones ha costado en materiales 3,700 millones de francos suizos, mientras que la inversión en el personal que la diseñó, construyó y opera fue de 900 millones de francos suizos.

Los detectores ATLAS, CMS, ALICE, LHCb han sido financiados sólo en parte por el proyecto. Estos detectores son sufragados por los países que participaron en su construcción. México participó en la construcción de ALICE solamente, que es un detector relativamente económico. Su costo es de aproximadamente 150 millones de francos suizos que es casi lo mismo en dólares. De éstos, el proyecto Gran Colisionador de Hadrones aportó 16 por ciento. El resto viene de los países involucrados en ALICE.

En cambio, ATLAS tuvo un costo de 550 millones de francos suizos y el proyecto Gran Colisionador aportó 14 por ciento. El detector CMS tuvo un costo de 500 millones de francos suizos y aquí el proyecto Gran Colisionador de Hadrones aportó 20 por ciento.

Pero, ¿qué es el Higgs? Es el campo que faltaba en la tabla de partículas elementales que describe la estructura de la materia. El nivel de profundidad al que hemos llegado en la búsqueda de los ladrillos elementales, de los que se forma todo lo que nos rodea, se puede apreciar en la Figura que muestra la escala microscópica que está por alcanzar ya los 10^{-19} metros en el nuevo acelerador de partículas: el Gran Colisionador de Hadrones.

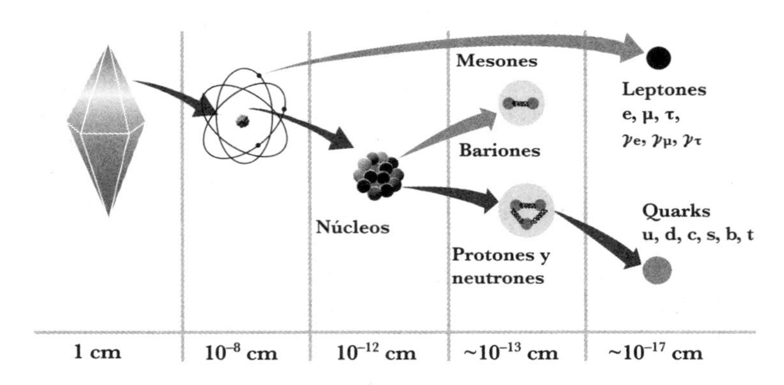

Escala microscópica en la estructura de la materia. Fuente: © CERN.

El Higss interacciona con todos los campos de materia y de fuerza que presentan una resistencia al movimiento, es decir, que tienen masa. Los campos de fuerza del fotón y del gluón no tienen masa porque el campo de Higgs no interacciona con ellos. El campo de Higgs permea todo el espacio y cuando toma su valor más bajo de energía, éste es negativo, de tal manera que si uno quisiera anular al campo de Higgs en alguna región sería necesario inyectar energía para lograrlo.

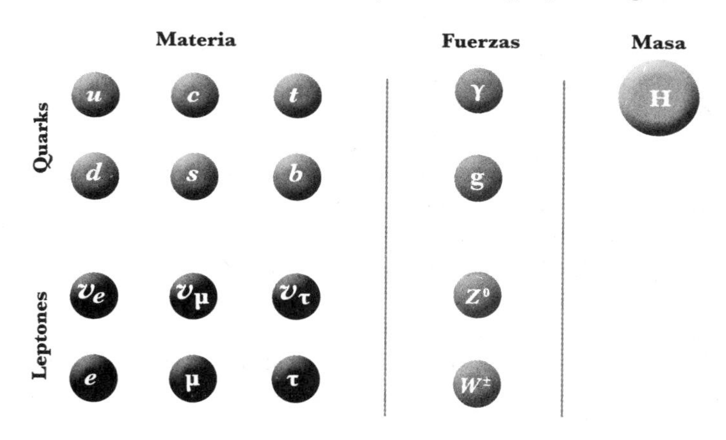

Tabla de partículas elementales.

El Higgs es el responsable de dar a las partículas una resistencia al movimiento, pero además podría estar relacionado con la inflación cósmica. Este aspecto fascinante del Higgs será descrito en el capítulo 7.

La teoría de cuerdas

La teoría de cuerdas aspira a ser la culminación de una larga serie de ideas en la historia de la física; ideas que han sido planteadas para describir la naturaleza de manera unificada. Es considerada como el candidato más importante para convertirse en una teoría del todo que explicaría los diferentes tipos de partículas y de fuerzas de una manera sencilla y con un reducido número de principios.

La teoría de cuerdas propone que la materia, las fuerzas, el espacio y el tiempo están compuestos de pequeñísimas cuerdas que vibran. Estas cuerdas miniatura pueden vibrar en diferentes modos, como lo hacen las cuerdas de los instrumentos musicales, de tal forma que un tono en la cuerda correspondería a un electrón, un tono diferente de la cuerda a un quark y así sucesivamente. De acuerdo con esto, el mundo que nos rodea —formado por diferentes tipos de partículas— es una sinfonía de complejidad inimaginable. La teoría de cuerdas no sólo describe a las partículas aparentemente diferentes con una cuerda única, también unifica todas las fuerzas en un solo concepto de cuerdas interactuantes.

En particular, esta teoría logra poner en un marco común las interacciones conocidas actualmente —que son descritas por la mecánica cuántica— junto con la gravedad, entendida por medio de la relatividad general. La teoría de cuerdas es, pues, una teoría cuántica de la gravedad que agrupa en una sola a las cuatro interacciones: fuerte, débil, electromagnética y gravitacional.

Según la teoría, las cuerdas son los ladrillos realmente elementales y son tan pequeños que si los comparamos con los microscópicos átomos, éstos se verán tan grandes ante la cuerda como el universo se ve ante nosotros.

1. El universo hoy: 13,800 millones de años después del *Big Bang*

El origen de la conciencia

Sin duda, el aspecto más destacado del universo es que en él se haya desarrollado la *conciencia*. Según la Real Academia Española, la conciencia es "la propiedad del espíritu humano de reconocerse en sus atributos esenciales y en todas las modificaciones que en sí mismo experimenta". De acuerdo con esta misma fuente, la conciencia es también "la actividad mental a la que sólo puede tener acceso el propio sujeto" y "el acto psíquico por el que un sujeto se percibe a sí mismo en el mundo".

Los especialistas en el estudio de la conciencia aún debaten, dictaminan y delimitan el concepto mismo. No existe, pues, un consenso para definirla y no es el propósito de este libro hacerlo. Las raíces etimológicas de la palabra *conciencia* no parecen tener el significado que le damos ahora: *conscius* "con-" junto y "scio" conocer, es tener conocimiento común con los demás. En *Biología de la mente*, de Ramón de la Fuente y Francisco Álvarez Leefmans, este último sostiene que: "cualquier definición neurobiológica de la conciencia, en el momento actual, no puede tener más que un carácter preliminar y por ende provisional. Teniendo en cuenta esta advertencia, podemos decir que la conciencia es un proceso mental, es decir neuronal, mediante el cual nos percatamos del yo y de su entorno en el dominio del tiempo y del espacio".[1]

Por su parte, el filósofo estadounidense John Searle dice: "*consciousness* se refiere a aquellos estados de sensibilidad y percatación que empiezan típicamente cuando despertamos de dormir sin sueños y continuamos así hasta que nos dormimos nuevamente, o entramos en coma, morimos o caemos en la 'inconciencia' por alguna razón".[2] Para Searle, los sueños son una forma de conciencia, aunque, por supuesto, muy diferente del estado de lucidez. Según este filósofo, los animales superiores son "obviamente conscientes".

Entender el origen y el funcionamiento de la conciencia es un reto enorme para la ciencia de nuestros días. Muchos lo consideran el problema central porque piensan que en nuestro propio cerebro se concentra el misterio más profundo de todo lo que vemos y estiman que al develarlo tendremos la clave para entender todo lo demás.

Como veremos, el desarrollo de la conciencia en el universo tiene implicaciones profundas que mucha gente relaciona con la existencia y naturaleza mismas del cosmos. Aquí trato el tema en ese amplio contexto, que es el mundo que comenzó hace casi 14,000 millones de años y que debió enfriarse para ver surgir en él a seres humanos con la capacidad de pensar.[3]

---

[1] Francisco Javier Álvarez Leefmans y Ramón de la Fuente, *Biología de la mente*, p. 53.

[2] John Searle, *The Mystery of Consciousness*, p. 5.

[3] CSIRO Australia, "How the Universe Has Cooled since the Big Bang Fits Big Bang Theory".

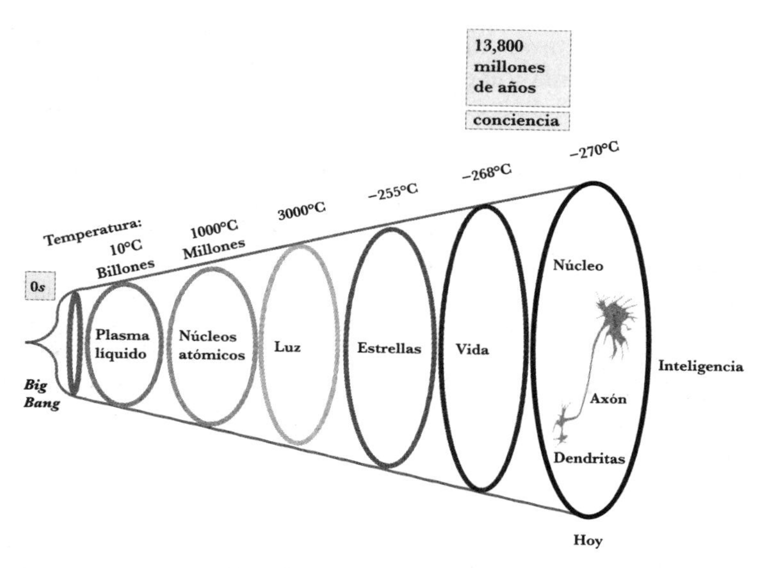

La neurona es una célula altamente especializada para la recepción, integración y trasmisión de señales eléctricas. Es la unidad de procesamiento de la información en los seres vivos que la poseen.

A pesar de los éxitos que hemos tenido al entender infinidad de cosas que antes suponíamos inaccesibles, mucha gente afirma que la conciencia es algo separado del cerebro, algunos ven en ella la manifestación de un principio externo. No es extraño que, ante nuestra incomprensión de las cosas, se construyan explicaciones sobrenaturales. Antes de que entendiéramos el engranaje de la vida, se desarrolló a su derredor una idea sobrenatural de su origen. Los "vitalistas" consideraban que la vida estaba superpuesta al cuerpo dotándolo de propiedades únicas que no podían ser reducidas a elementos más simples.[4]

[4] Francisco Javier Álvarez Leefmans y Ramón de la Fuente, *op. cit.*, p. 53.

La biología molecular acabó con las ideas del vitalismo de la misma forma como las neurociencias derruirán algún día las pretensiones de un origen sobrenatural de la conciencia. Desde el ámbito de la biología, Francis Crick fue uno de los promotores de las ideas que contribuyeron al descubrimiento de elementos clave del código genético que hacen posible la organización de las células.[5] Él y muchos otros estudiaron las interacciones de los componentes de la célula que producen la vida. Una vez que el misterio de la vida fue resuelto Francis Crick se sintió alentado para trabajar en el problema de la conciencia. En la Universidad de la Joya en Estados Unidos fundó el Instituto Salk, que es hoy uno de los sitios más relevantes para el estudio de la conciencia mediante la aplicación del método científico.

La conciencia es actualmente uno de los temas de estudio más relevantes. Por su naturaleza, es también un tema multidisciplinario en cuyo análisis se cuenta con la participación especulativa de los filósofos.

Existe una gran cantidad de aproximaciones al tema por lo que no es fácil resumir todas las ideas. En términos muy generales, diré que existen posturas sobre el origen de la conciencia que son particularmente definidas. Veamos:

- La conciencia del tipo humano no puede entenderse en términos físicos, ni computacionales, ni mediante el método científico: la conciencia inaccesible.
- La conciencia es un proceso de computadora con los algoritmos adecuados: la conciencia computacional.
- La conciencia es consecuencia de actividad física en el cerebro. Esta actividad se puede reproducir pero no se podría desarrollar un algoritmo para simularlo: la doctrina de la neurona.

[5] Francis Crick, *La búsqueda científica del alma.*

Trataré de describir estas posiciones brevemente y de manera general. Si bien no representan todos los pareceres, sí son maneras de aproximarse al asunto de una forma acotada. Los interesados en el tema pueden acudir a literatura más especializada en el área de estudio, que es tan amplia como interesante y profunda.

La conciencia inaccesible

El filósofo australiano David Chalmers divide el problema de la conciencia en dos: el "fácil" y el "duro". De acuerdo con sus cavilaciones, el "problema fácil" —por más difícil que sea— puede ser resuelto con la ayuda de las neurociencias mediante el estudio de lo que ocurre en el cerebro cuando ciertos eventos se presentan. El "problema duro", sin embargo, es inalcanzable.[6]

Para Chalmers, el "problema fácil" incluye fenómenos como la discriminación de estímulos sensoriales y la reacción apropiada a las excitaciones. La manera como el cerebro integra las señales y procesa esa información para generar respuestas y controlar el comportamiento es parte del problema fácil de la conciencia. Según el filósofo, con el trabajo continuado de la fisiología y las neurociencias podremos entender estos procesos.

En cambio, el "problema duro" se relaciona con la manera como el cerebro, mediante procesos fisiológicos, produce la experiencia subjetiva. Sobre esto, Chalmers dice: "cuando, por ejemplo, experimentamos sensaciones visuales como la de un azul brillante. O el pensamiento inefable que despierta el sonido de un oboe distante, la agonía de un dolor intenso, el destello de la felicidad o la cualidad meditativa de un momento perdido en el pensamiento. Todo esto es parte de lo que yo

[6] David Chalmers, "The Puzzle of Conscious Experience", pp. 80-83.

llamo conciencia. Estos son los fenómenos que representan el misterio real de la mente".[7]

Chalmers propone que la conciencia sea considerada como un aspecto fundamental que no se puede reducir a nada más básico. Según este filósofo, no todas las entidades de la ciencia son explicadas en términos más básicos: "en la física por ejemplo, el espacio-tiempo, la carga y la masa, entre otros, son vistos como aspectos fundamentales del mundo que no son reducibles a nada más simple". A pesar de que existen estas características irreducibles, las teorías pueden establecer relaciones entre ellas expresando aspectos importantes de la naturaleza por medio de leyes fundamentales, asegura el filósofo.

Aunque muy interesantes, las posturas filosóficas tienen un cierto carácter arbitrario en tanto que no pueden ser puestas a prueba. Es un proceder común de estos estudiosos el de cultivar la reflexión especulativa que no se sujeta a ningún tipo de comprobación. La imposibilidad de volar fue prevista por filósofos que decían que siendo más pesados que el aire jamás podríamos construir objetos capaces de levantar el vuelo. Otros sentenciaron que nunca sabríamos de qué están hechas las estrellas. En 1835, el filósofo francés Auguste Comte escribió en su *Cours de philosophie positive*: "en lo relativo a las estrellas, todas las investigaciones que no son reducibles a simple observación visual [...] nos están negadas. Podemos pensar en la posibilidad de determinar su forma, su tamaño y sus movimientos, pero nunca seremos capaces, por ningún medio, de estudiar su composición química o su estructura mineralógica. [...] no podremos determinar su composición química, ni siquiera su densidad [...] la verdadera temperatura media de las estrellas nos es negada para siempre".[8]

---

[7] *Idem.*

[8] Auguste Comte, *Cours de philosophie positive.*

Apenas habían pasado catorce años de la profecía filosófica de Comte, cuando Gustav Kirchhoff descubrió la manera de conocer la composición química de un gas analizando el espectro de la luz que emite.[9] Con la ayuda de ésta y otras técnicas es posible conocer ahora la composición de las estrellas y otros objetos alejados de nosotros.

La negación filosófica de acceso al conocimiento contribuye al oscurantismo en la sociedad y edifica en terrenos donde se glorifica la ignorancia con presupuestos ideológicos. Al respecto, Francis Crick dice sobre la búsqueda científica del alma: "Los filósofos han obtenido unos resultados tan pobres durante los últimos 2,000 años que más les valdría mostrar algo de modestia en lugar de esa arrogante superioridad que normalmente exhiben".[10]

Esta es, claramente, una expresión irritada ante la postura de filósofos que niegan nuestras posibilidades de comprensión. También se trata de una actitud más o menos representativa del gremio de científicos ante la filosofía, a la que consideran especulativa. Los científicos no se resignan a vivir en la ignorancia. Sin embargo, no sería justo desconocer a la filosofía como una disciplina que ha contribuido en la búsqueda del conocimiento y que ahora es muy activa con propuestas de tratamiento del problema de la conciencia. Dicho problema se relaciona con el lenguaje, la precepción, la imaginación, tanto como con sensaciones: el miedo, el amor, la tristeza, etcétera, por lo que, con seguridad, el asunto se debe acometer desde diversas perspectivas.

Los filósofos son muy activos en el estudio de la conciencia, sus reflexiones se discuten a la par de las teorías que surgen con la evidencia cada vez mayor de parte de la neurofisiología. Quizá la crítica de Francis Crick a la filosofía quería enfatizar

---

[9] *Cf.* http://www.astro.virginia.edu/class/oconnell/astr121/comte.html.

[10] Francis Crick, *op. cit.*

el carácter profético de algunos de sus practicantes. Las predicciones pesimistas sobre nuestra capacidad de entendimiento de la naturaleza casi siempre han fracasado, pero no siempre han sido los filósofos los que las plantean.

Ernest Rutherford, uno de los más grandes físicos de la historia, es famoso también por haber dicho a un periódico: "quien quiera que diga que se puede extraer energía de la transformación de los átomos está diciendo tonterías".[11] La energía nuclear es una realidad en nuestros días.

El neurofisiólogo John Eccles obtuvo el premio Nobel de Medicina y Fisiología en 1963 por sus estudios de excitación e inhibición de sinapsis neuronal en el cerebro. Luego, él mismo desarrolló una filosofía dualista en la que proponía la existencia de dos sustancias en el universo: una física y otra mental. Más tarde, en colaboración con el filósofo Karl Popper amplió su visión filosófica a una "trialista", en la que existen tres mundos: el de los objetos físicos, el de los estados de conciencia y el del conocimiento objetivo.[12] A partir de entonces, J. Eccles analiza en su libro, *Cómo el yo controla a su cerebro*, la manera como los tres mundos interaccionan para concluir que, en el fondo, hay un mecanismo dual. Eccles fue un hombre religioso y, a menudo, es considerado un ejemplo exitoso de cómo se puede fundir una vida científica con el espiritualismo de la fe en Dios. En su libro *Evolution of the Brain*, él escribió: "existe una divina providencia operando, sobre y desde arriba, en los eventos del mundo materialista de la evolución biológica". Posteriormente, en *Wie das Selbst sein Gehirn steuert*, que él consideró la coronación de su vida en la investigación, escribió: "Pero la evolución de los homínidos trajo consigo más altos planos de experiencia consciente que se expresó como cultura humana, y al final, en el Homo sapiens sapiens, con

[11] Citado en John G. Jenkin, "Atomic Energyy Is 'Moonshine'...".

[12] John Eccles, *Wie das Selbst sein Gehirn steuert*.

la conciencia de sí mismo como experiencia única del ser humano, que debemos ver como un milagro más allá de la evolución darwinista".[13]

La posibilidad de que nunca entendamos el origen de la conciencia es una de las líneas de pensamiento que, contrario a lo que se podría pensar, está fuertemente representada en la comunidad académica, que incluye a científicos y filósofos.

La conciencia computacional

Los defensores de la inteligencia artificial opinan que sólo es cuestión de tiempo para que las computadoras electrónicas hagan todo lo que la mente puede realizar. Un representante emblemático de esta postura es Marvin Minsky, quien considera que el cerebro es una "computadora hecha de carne".

Para los partidarios de la "inteligencia artificial fuerte", el placer, el dolor y, en fin, la conciencia son cualidades que emergerán del comportamiento de un robot electrónico basado en maniobras numéricas cuando éste llegue a ser lo suficientemente complejo. Para ellos, la actividad mental consiste en una secuencia bien definida de operaciones a la que se llama algoritmo.

El filósofo John Searle cuestiona fuertemente la posibilidad de que la conciencia pueda ser generada en operaciones computacionales. Al respecto apunta: "La programación de computadoras es por completo y en absoluto sintáctica, mientras que el espíritu tiene algo más que sintaxis, tiene semántica".[14] Para abordar el tema de la conciencia como resultado de operaciones binarias, Searle ideó un experimento

---

[13] *Ibidem*, p. 208.

[14] John R. Searle, "Minds, Brains and Science", citado por J. Eccles, *op. cit.*

conocido como "la habitación China".[15] Con esto quiso demostrar que la inteligencia artificial, dada en una computadora, no es idéntica a las actividades que realiza el cerebro.

La habitación china es un experimento mental en el que alguien es colocado en un cuarto que se comunica con el mundo exterior sólo a través de una rendija por la cual puede recibir símbolos en chino. La persona no conoce el idioma, pero en el interior cuenta con un manual que le indica de qué manera contestar con papel ante la recepción de tal o cual símbolo en esa lengua. El manual puede ser muy extenso y la persona puede demorar en encontrar la respuesta adecuada ante los símbolos chinos que recibe, pero al final lo hará. La persona —dice Searle— no sabe chino y no entenderá la conversación.

Podemos construir una computadora con el manual programado para dar las respuestas incluso más rápido que la persona en la habitación, pero no podremos decir que tal máquina piensa, y puesto que no piensa no tiene una "mente". Searle concluye que los modelos computacionales no son suficientes para explicar la conciencia, refutando la posibilidad de que las máquinas basadas en algoritmos computacionales puedan crearla.

En 1950, Alan Turing publicó un artículo en la revista *Mind* titulado "Maquinaria computacional e inteligencia". El autor comenzaba diciendo: "aquí pretendo plantear la pregunta: ¿pueden las máquinas pensar?". Turing propuso el "juego de imitación", que hoy se conoce como la prueba de Turing y que formuló así:

Juegan tres personas: un hombre A, una mujer B y un Juez C, que puede ser hombre o mujer y que hace preguntas. El Juez se encuentra en una habitación solo. Para él, la meta del juego consiste en descubrir cuál de los otros es el hombre y

[15] John R. Searle, *La mente. Una breve introducción*, p. 118.

cuál la mujer. A él se le presentan como X y Y. Al final del juego, él dirá X es A y Y es B, o al revés.

Al Juez le es permitido preguntar de la siguiente forma: "¿Puede X decirme qué tan largo es su pelo?" El objetivo de A es intentar que C se equivoque en su identificación, de tal manera que podría contestar: "Mi pelo está cortado en capas y la más larga de ellas mide aproximadamente 20 centímetros".

Para que el sonido de la voz no interfiera en el juego, las respuestas deben hacerse por escrito. Lo mejor sería que ambas habitaciones estuvieran comunicadas a través de un escritor ajeno. La tarea del tercer jugador B es ayudarle al Juez. La mejor estrategia para él podría ser decir siempre la verdad. Él podría decir, "yo soy la mujer, no haga caso de lo que él diga", pero esto no tendría mucho fruto porque el hombre podría hacer declaraciones similares.

Ahora preguntamos: ¿qué pasa si una máquina toma el papel de A? ¿Podrá el Juez tomar la decisión equivocada, como cuando los jugadores son un hombre y una mujer? Esta pregunta sustituye a la pregunta original: ¿pueden las máquinas pensar?

Alan Turing consideraba que sólo era cuestión de tiempo para que las máquinas pudieran ser indistinguibles de los humanos en su prueba y que si una máquina se comporta como si fuera inteligente, entonces es inteligente.

Un fuerte sustento a las ideas de la inteligencia artificial proviene del principio de organización, según el cual un sistema ordenado de la misma manera como se encuentran las neuronas en el cerebro, dará origen a la conciencia sin importar de qué este hecho el sistema. Es decir, si logramos duplicar las interacciones entre neuronas con circuitos integrados, el resultado será la percepción de conciencia sin mayor cambio. Esta idea es discutible, pero no fácilmente rebatible. Si un día podemos producir circuitos integrados diminutos capaces de imitar a las neuronas en nuestro cerebro, podríamos imaginar que es viable el reemplazo de neuronas en nuestro cerebro por estos dispositivos electrónicos. Podríamos, pues, cambiar paso a paso las neuronas por circuitos de silicio. La sustitución gradual dejaría al sistema, en su conjunto, activo e invariable en sus funciones, lo que nos hace pensar que un día podríamos lograr la construcción de máquinas con conciencia.

El neurofisiólogo mexicano Arturo Rosenblueth con el matemático estadounidense Norbert Wiener y Julian Bigelow escribieron el artículo "Behaviour Purpose and Teleology" (Comportamiento, propósito y teleología), considerado como el texto fundacional de la cibernética, cuyo propósito central es el estudio del control y la comunicación entre las máquinas y los animales. Después Wiener escribió su libro *Cibernética*, que dedicó a su amigo y compañero de ciencia A. Rosenblueth; en él plantea la posibilidad de reproducir el sistema automático de las neuronas que gobiernan el sistema respiratorio. Rosenblueth se dedicó mucho tiempo al estudio de la regulación automática del sistema circulatorio.[16]

A su regreso a México, Arturo Rosenblueth ayudó a establecer los estudios en las neurociencias en varias instituciones que ahora cuentan con grandes personalidades.[17] Pablo Rudomín fue uno de los discípulos notables de esa escuela en el Centro de Investigación y Estudios Avanzados (CINVESTAV), institución de la que A. Rosenblueth fue director fundador. Asimismo, Rudomín ha estudiado los mecanismos que establecen la manera como se transmite la información en el sistema nervioso central. En su discurso de ingreso al Colegio Nacional, Rudomín se refirió al contacto que existe entre los músculos y las neuronas: "este último responde al estiramiento generando una serie de pulsos eléctricos denominados potenciales de acción. Cada uno de estos potenciales de acción dura alrededor de una milésima de segundo y es siempre de la

[16] Susana Quintanilla, "Arturo Rosenblueth y Norbert Winer: dos científicos en la historiografía de la educación contemporánea".

[17] Pablo Rudomin (ed.), *Arturo Rosenblueth. Fisiología y filosofía.*

misma amplitud, o sea que se trata de una señal de todo o nada similar a las señales binarias en computación. La información acerca del grado de estiramiento muscular está contenida en la frecuencia con que ocurre esta señal. A mayor estiramiento, mayor frecuencia de respuesta".[18]

La doctrina de la neurona

Santiago Ramón y Cajal desarrolló la teoría que establece que las neuronas son células aisladas, es decir, entidades metabólicas y genéticas, que forman la base del sistema nervioso. Esto se oponía a la teoría reticular, según la cual el sistema nervioso debía ser una malla continua. La teoría conocida como "doctrina de la neurona" está plenamente establecida. En 1906, Santiago Ramón y Cajal recibió el premio Nobel de Medicina por el descubrimiento de la neurona.

Como sabemos, las neuronas propagan y transmiten señales eléctricas, pero la manera como lo hacen no es como uno podría imaginarse. La corriente en un cable es el flujo de electrones en el material por efecto de una fuerza de campo eléctrico. También conocemos corrientes eléctricas en los electrolitos, donde lo que se desplaza no son electrones sino iones que se liberan después de aplicar campos eléctricos a una solución. En cambio, en las neuronas, la naturaleza eligió una manera más complicada de conducir señales eléctricas.

La membrana del axón en las neuronas separa soluciones de sales de cloruro sódico y cloruro potásico. En el estado de reposo, existe en el interior un exceso de iones cloro sobre iones sodio y potasio juntos, de tal manera que en el interior hay una carga neta negativa.

---

[18] Pablo Rudomín, "Mecanismos de control de la información sensorial en la espina dorsal de los vertebrados".

Ante un estímulo, la membrana del axón se abre para dejar pasar los iones que modifican la carga eléctrica en el interior, haciéndola positiva. Esta inversión de carga se propaga porque los campos eléctricos que se generan provocan que se abran los canales, llamados compuertas de sodio, en la membrana celular. Esta inversión provocará la apertura de compuertas de potasio que permite el paso de los iones de potasio, y así sucesivamente. Cuando la señal se ha transmitido, mecanismos de bombeo empujan a los iones de sodio restaurando el estado de reposo de la fibra.

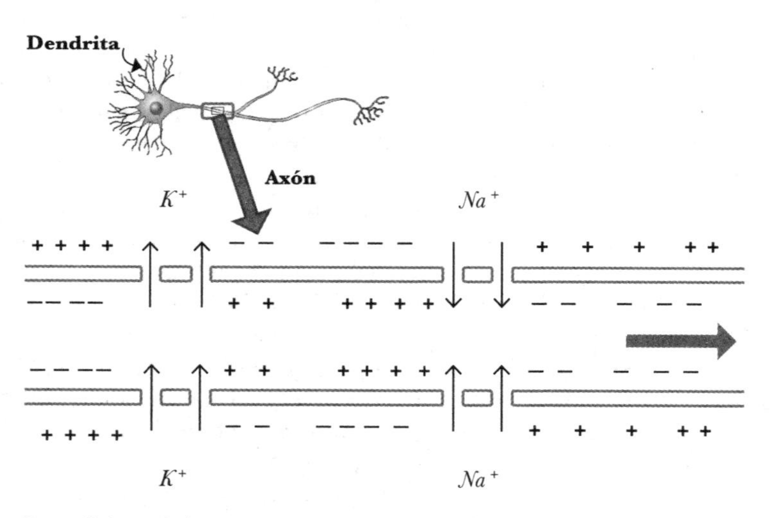

Las señales nerviosas se propagan como una inversión de carga que viaja a lo largo del axón.

Ranulfo Romo parafrasea a Richard Dawkins, diciendo que las neuronas controlan al ser humano. Richard Dawkins se hizo famoso con una interpretación de la evolución biológica en la que se adopta el punto de vista del gen y no del individuo. En su libro *El gen egoísta*, Dawkins considera al gen como la unidad evolutiva.

Siguiendo estas líneas, Ranulfo cuestiona el libre albedrío poniendo sobre la mesa la posibilidad de que seamos títeres de nuestras células nerviosas. Las investigaciones de Ranulfo parecen mostrar que los actos que creemos que son voluntarios se inician de manera involuntaria, y que los actos que iniciamos de manera consciente comenzaron de modo inconsciente.

En experimentos con primates, Ranulfo Romo ha encontrado que la corteza cerebral genera una copia neuronal de los eventos del mundo externo que se pueden convertir en un reporte consciente. Nos dice que es posible activar de manera artificial los circuitos cerebrales y luego evaluar los reportes subjetivos de sensaciones conscientes.[19] Estos hallazgos de uno de los neurofisiólogos más notables de nuestro país, abren la posibilidad de estudiar con detalle cómo el cerebro representa lo que ocurre en el mundo externo y cómo convierte a esos eventos en sensaciones conscientes.

Roger Penrose, por su parte, es uno de los muchos que, desde su área de trabajo —las matemáticas y la física—, se han interesado por el problema de la conciencia.[20] Primero de manera aislada y luego en colaboración con el anestesiólogo Stuart Hameroff, formuló una teoría conocida como Orch-OR, por sus siglas en inglés (Orchestated Objective Reduction). La teoría original propuesta en los años noventa fue muy criticada por quienes consideran al cerebro como un lugar muy ruidoso para albergar fenómenos cuánticos con alguna función. En una revisión reciente de sus ideas, Penrose y Hameroff argumentan la existencia de vibraciones cuánticas —con

---

[19] Ranulfo Romo, "Crónicas cerebrales".

[20] Roger Penrose, *La mente nueva del emperador*. *Vid.* también Roger Penrose, https://www.youtube.com/watch?v=M5XYf1GJBhg.

frecuencias de megahercios— que interfieren para producir frecuencias más bajas observadas en el electroencefalograma.

En el interior de las neuronas se localizan microtubos cilíndricos con paredes hexagonales. Estos microtubos son de gran importancia para algunas funciones celulares como el movimiento, la división y el mantenimiento de la forma de la célula. Penrose y Hameroff argumentan que la conciencia puede ser el resultado de efectos cuánticos en estos microtubos. Como muchos otros, Penrose se opone a la idea del cerebro como una máquina de Turing y comenta: "Lo que estoy intentando decir es que no funcionamos de acuerdo con un conjunto de reglas, sino que funcionamos entendiendo, usamos las reglas porque nos ayudan a entender pero no es por ellas que sabemos que las cosas son verdaderas".

Según él, la conciencia es consecuencia de actividad física en el cerebro. Esta actividad se puede llegar a reproducir, pero no se podría desarrollar un algoritmo para simularlo.

Vida, causa de la conciencia

Existen muchas maneras de aproximarse al problema de la conciencia. El lector interesado puede consultar obras como la de J. Searle, *The Mystery of Consciousness*, o el libro de John Eccles, *Wie das Selbst sein Gehirn steuert*, en los que encontrará una revisión del campo de investigación. Ahí también se comentan diferentes puntos de vista.

De las posturas que hemos comentado, y otras que se discuten en la actualidad, elegí las que no se oponen a mi aspiración de entender. Tengo la certeza de que este deseo de comprensión no le hace daño a nadie ni es moralmente malo. Más aún, estoy convencido de que éste es uno de los más grandes y más nobles anhelos de cuantos podamos tener los seres humanos: el de caminar para ver qué tan lejos podemos llegar. Más aún, todas las opiniones que hemos discutido coinciden en que la neurona es el elemento a partir del cual surge la conciencia. Al ser la neurona una célula especializada, podemos confiar en que la conciencia es una propiedad de la vida. No reparé siquiera en el debate entre reduccionistas y holistas porque sé que la complejidad se forma de elementos y en ese punto estamos todos de acuerdo.

En una primera aproximación podemos pensar que la vida en el universo es conducida por procesos físicos que, en cierta escala y complejidad, generan a su vez fenómenos químicos. Las reacciones químicas en su momento impulsan una serie de cambios en las sustancias, lo que deriva en biología. La biología luego establece la vida en nuestro planeta y una vez ahí, la selección natural lleva a los seres vivos a desarrollar habilidades de sobrevivencia entre las que muy probablemente se encuentra la conciencia. De esta manera, la conciencia sería el resultado de la complejidad desarrollada a lo largo de mucho tiempo. En el transcurso del proceso evolutivo, el cerebro se convirtió en una ventaja en la contienda por sobrevivir.

Por supuesto, ésta no es la única manera de aproximarse al problema, pero sí es quizá la manera más simple que establece a la vida como paso previo al pensamiento, con lo que creo que todos, o casi todos, estarán de acuerdo. En ese sentido, la vida es fundamental para la conciencia. En la búsqueda de la esencia causal, la exploración se traslada a la etapa del universo, en la que surgió aquello que hace posible al pensamiento, a saber, la vida.

2. El universo a los 10,000 millones de años y la vida

La vida

Uno de los grandes eventos en la historia del universo es la aparición de vida. Considerada ésta como parte del desarrollo cósmico, no podemos dejar pasar el hecho sin comentar algunos de los aspectos relevantes que lo rodean. Más aún, la vida es el paso previo a la conciencia, de la que hablamos en el capítulo anterior, y la manera más simple de aproximarse a la conciencia nos lleva a mirar a la vida como causa.

¿Qué es la vida? Según Francis Crick, un requerimiento central de la vida es "un método preciso de replicación y en particular de copiado de una larga macromolécula lineal que se ha formado con un conjunto de unidades más simples".[1] En la única forma de vida que conocemos, esto se da mediante dos ácidos nucleicos: el ADN (ácido desoxirribonucleico) y el ARN (ácido ribonucleico), que curiosamente se parecen mucho.

El ADN es un polímero, es decir, una secuencia de átomos que se repite una y otra vez formando una cadena de fosfato y azúcar que se enreda de manera helicoidal. El descubrimiento de esta estructura peculiar significó un gran avance para la comprensión de la vida. Uno de sus descubridores escribió

---

[1] Francis Crick, *Life itself*, p. 63.

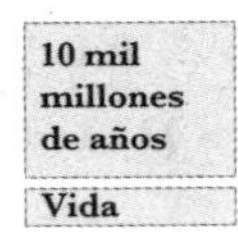

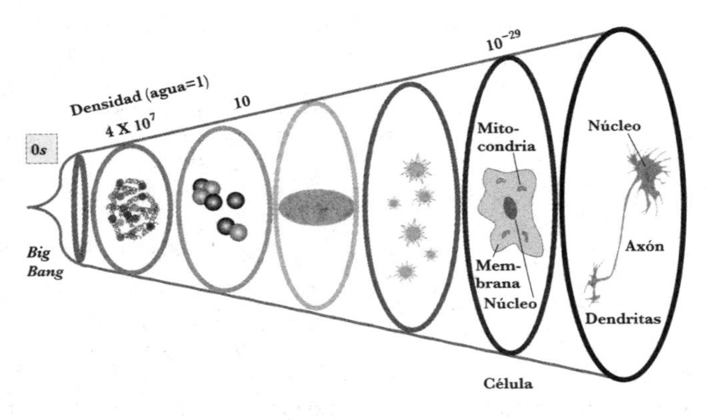

La célula es el elemento fundamental de la vida.

en su momento: "Es un modelo extraño con varios aspectos inusuales, sin embargo, ya que el ADN es una substancia inusual, no dudamos en ser atrevidos".[2]

Cuando James Watson escribió esto tenía 24 años de edad y estaba a un mes de la publicación del descubrimiento que para muchos es el más importante desde que Gregor Mendel diera a conocer en 1866 las leyes de la herencia.

La estructura helicoidal del ADN se separa en el proceso de *replicación* produciendo dos copias idénticas de toda la secuencia cifrada por los pares de bases. Este proceso no sólo es la base de la herencia, además es el fenómeno clave de la vida. La separación de los hilos empieza en lugares específicos y las

---

[2] James D. Watson, *The Double Helix. A Mentor Book.*

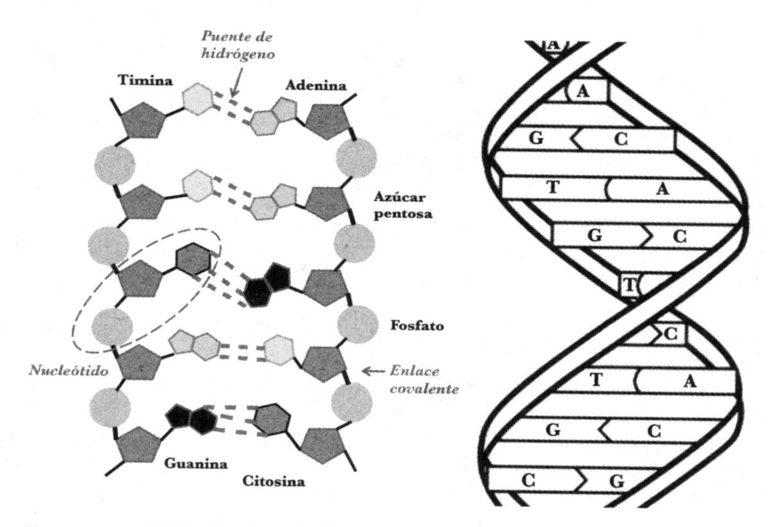

Fragmento del ácido desoxirribonucleico (ADN). Izquierda: detalle de la hélice mostrando los componentes de la cadena. Derecha: representacion común del ADN sin la especificación molecular.

bases complementarias se van uniendo en la plantilla que resulta de la división.

En el arreglo de átomos de ADN y de ARN, el elemento más importante es el carbono. Este elemento es capaz de enlazarse de tantas maneras diferentes que constituye muchos compuestos esenciales. El carbono es el elemento primario de proteínas, lípidos, ácidos nucleicos y carbohidratos de los que las células están hechas, es el elemento clave del origen de la vida en la Tierra. El carbono permite la ramificación de agregados en el ADN, pero al mismo tiempo protege la configuración con acoplamientos químicos fuertes.

En las estructuras fundamentales para la vida, hay dos tipos de enlace químico: enlace covalente y puente hidrógeno. El puente de hidrógeno es veinte veces más débil que el enlace covalente, hecho fortuito fundamental para la vida.

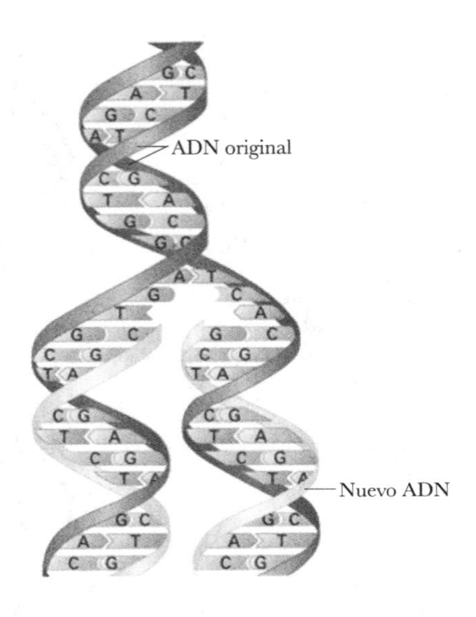

Replicación del ácido desoxirribonucleico.

Aun cuando el puente hidrógeno es muy débil, la estructura de hélice y la multiplicidad de puentes le dan estabilidad mecánica.[3] Sin embargo, cuando la cadena de dos hilos de fosfato azúcar se calienta, los puentes de hidrógeno se rompen y los hilos de la cadena se separan en dos hebras independientes. Los hilos separados llevan consigo las bases complementarias de timina, guanina, citosina o adenina que podrían unirse con bases sueltas en la solución. Sólo pueden unirse con el mismo tipo de base que tenía antes de la separación porque la forma de estas moléculas es muy precisa y actúa como un rompecabezas que no admite otro tipo de base en su lugar. La presencia de bases sueltas en la solución produce una copia de la estructura original para que al final, los hilos independientes formen

[3] James D. Watson, *op. cit.*

dos series idénticas de ADN. Esto es conocido como replicación y es el proceso esencial de la vida.

El origen de la vida

La Tierra se formó hace aproximadamente 4,500 millones de años; ésta es la edad que los geólogos y geofísicos obtienen cuando hacen mediciones del decaimiento de elementos radiactivos en rocas o en meteoritos. La vida en el planeta comenzó poco tiempo después.

De acuerdo con investigaciones recientes, la vida apareció cuando el universo tenía la edad de 10,000 millones de años, es decir, hoy hace 3,800 millones de años. Los microfósiles de Warrawoona al oeste de Australia parecen tener 3,500 millones de años de edad.[4] Estos son los fósiles más antiguos que existen pero tenemos evidencia más antigua de vida en la Tierra a partir del análisis de sedimentos en la isla Isua al oeste de Groenlandia. El análisis de rocas de estos sedimentos revela una proporción inesperada entre carbono 12 y carbono 13. Hoy sabemos que los organismos vivos incorporan carbono 12 en su actividad química, de tal manera que la proporción inusual de carbono 12 en los sedimentos indica, de manera indirecta, que pudo haber vida capaz de cambiar la proporción de los isotopos hace 3,800 millones de años. En ese entonces ocurrió también el impacto de grandes asteroides y los especialistas piensan que la vida se extinguió con tal conmoción.[5]

---

[4] J. William Schopf, Microfossils of the Early Archean Apex Chert: New Evidence of the Antiquity of Life".

[5] C. F. Chyba *et al.*, "Cometary Delivery of Organic Molecules to the Early Earth". V. R. Oberbeck y G. Fogleman, "Impact Constraints on the Environment for Chemical Evolution and the Continuity of Life".

Sin embargo, la extinción de la vida causada por los asteroides muy probablemente dejó la sopa prebiótica como punto de inicio para la reformación de cianobacterias que habrían de fosilizarse 300 millones de años más tarde en Warrawoona.

En 1924, el biólogo ruso Alexander Oparin propuso que previamente a la vida debió existir una etapa prebiológica en la que se concentraron moléculas grandes que fueron formando un caldo con todos los componentes necesarios para el inicio de la etapa biológica.[6] Para muchos, 300 millones de años es un periodo muy corto para ir de la sopa prebiótica propuesta por Oparin, a un mundo con ADN, proteínas y luego cianobacterias.[7]

En la década de 1950, un estudiante de 22 años llamado Stanley Miller propuso a quien sería su director de tesis, Harold Urey, el montaje de un experimento que pusiera a prueba las ideas de A. Oparin sobre la sopa prebiótica. Urey, quien años antes había obtenido el premio Nobel de Química por el descubrimiento del deuterio, no se mostró muy entusiasta, pero aceptó la idea del joven, que montó una serie de dispositivos para simular las condiciones de la atmósfera terrestre primitiva con hidrógeno, vapor de agua, metano y amoniaco. La cámara diseñada incorporó descargas eléctricas que simulaban relámpagos. Veinticuatro horas después de ser puesta en marcha se habían producido aminoácidos y moléculas orgánicas. Ésta fue la primera evidencia experimental de la teoría de Oparin.

El experimento de Miller fue un éxito al mostrar que es posible pasar de sustancias inorgánicas a sustancias orgánicas mediante procesos naturales que pudieron haber ocurrido en las etapas tempranas de evolución de la vida. En variantes posteriores del montaje experimental, y con métodos de análisis

---

[6] Aleksandr Oparin, *El origen de la vida.*

[7] Antonio Lazcano y Stanley L. Miller, "How Long Did it Take for Life to Begin and Evolve to Cyanobacteria".

más refinados, se ha logrado sintetizar casi todos los aminoácidos y las unidades que constituyen a los ácidos nucleicos ARN y ADN.

Los ácidos nucleicos son polímeros, es decir, cadenas formadas por muchas partes o monómeros. En la célula existen dos tipos básicos de ácidos nucleicos: ADN (ácido desoxirribonucleico) y ARN (ácido ribonucleico). Estos ácidos son los que almacenan la información genética de los organismos vivos.

Los aminoácidos son los bloques de la vida, pero no son la vida. El paso siguiente a la formación de aminoácidos es la formación de entidades moleculares capaces de producir copias de sí mismas. Esta capacidad la tienen los ácidos nucleicos, sin embargo, el ADN necesita proteínas para replicarse, al mismo tiempo que las proteínas necesitan la información codificada en el ADN para sintetizarse. Esto nos deja frente al dilema de ¿qué surgió primero: las proteínas o el ADN? Resulta muy improbable que de manera simultánea aparecieran ambas en el mismo lugar.

El problema central en la investigación del origen de la vida es entender la manera como el ADN y las proteínas se vincularon al comienzo. La propuesta más aceptada para resolver el acertijo está en el ARN o ácido ribonucleico y se conoce como "hipótesis del mundo de ARN".[8]

La conjetura propone al ácido ribonucleico como la primera forma de vida en la Tierra. El ARN está presente en las células eucariotas y procariotas pero, además, es el único material que sirve a algunos virus para replicarse. La "hipótesis del mundo de ARN" plantea la posibilidad de que este ácido adquiriera una membrana para formar la primera célula procariota. La idea es muy debatida y da origen a todo tipo de variantes, por ejemplo, a la posibilidad de que un tipo previo de ARN, no

---

[8] Helena Curtis *et al.*, *Biología.*

el ARN como lo conocemos hoy día, fuese la primera molécula con capacidad de replicación.

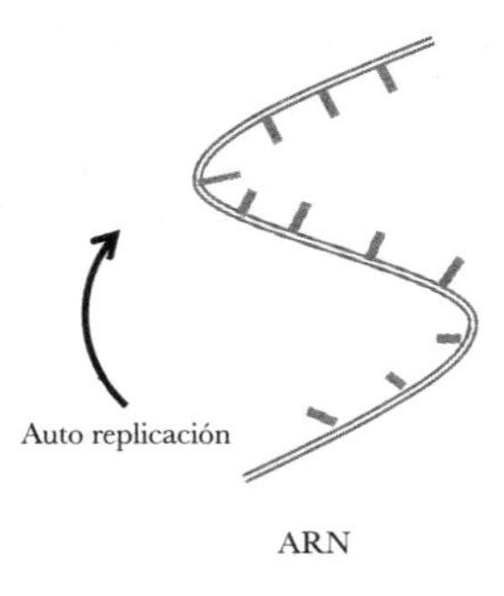

El ARN puede ser de un hilo —el ADN tiene dos— en su estructura.

El ARN no sólo puede autorreplicarse, sino sintetizar proteínas, por lo que pudo haber controlado la producción de proteínas en su medio. En algún momento, el ARN dio paso a una estructura más compleja y químicamente más estable capaz de almacenar la información. Los pormenores de esta transición son poco conocidos. La marcha básica de la vida como la conocemos hoy funciona con estos elementos básicos en los que el ARN sintetiza proteínas que permiten al ADN, en un proceso de transcripción, hacer copias de sí mismo.

Existen teorías alternativas sobre el origen de la vida, una muy vieja es la de origen extraterrestre, propuesta a principios del siglo pasado por el sueco Svante Arrhenius. Él recibió el premio Nobel de Química en 1903 por sus experimentos para separar los compuestos de químicos que se disocian en iones por electrólisis. Sugirió que los primeros gérmenes podrían haber llegado del espacio en meteoritos provenientes de otros planetas donde ya habría vida. Después, la misma idea

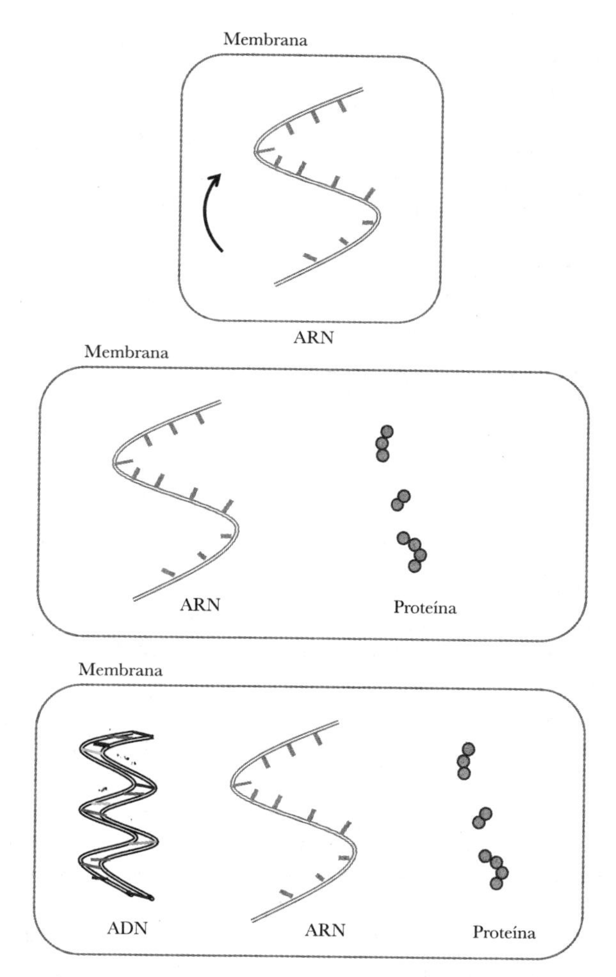

Resumen de lo que pudo haber ocurrido en el surgimiento de la vida. Un sistema autorreplicante simple de moléculas de ARN, con muchas variantes, adquirió una membrana (arriba). El ARN controló la síntesis de proteínas (medio). En una etapa posterior, y poco entendida, el ARN transfirió a una nueva estructura (ADN) la capacidad de almacenar información (abajo).

ha surgido una y otra vez. Sin embargo, esta propuesta no explica el origen de la vida, sólo desplaza el problema a lugares lejanos.

Una hipótesis diferente es la que propone que los componentes fundamentales de la vida provengan del espacio. Algunos estudios parecen mostrar que moléculas orgánicas se pueden producir en el espacio; de tal manera que no sería descabellado que hayan llegado a la Tierra transportados por meteoritos. En septiembre de 1969 cayó un meteorito en Australia, al que se conoce como Murchison, por el nombre de la localidad donde se impactó. Los análisis de fragmentos han revelado la presencia de aminoácidos y compuestos encontrados también en la cámara de Miller.

Lo cierto es que, en términos generales, tenemos una muy buena idea de lo que pudo haber ocurrido hace 3,800 millones de años para el surgimiento de la vida en el universo. A reserva de todas las incertidumbres y los detalles de los procesos involucrados, hoy podemos marcar un camino que muy probablemente es el que siguió la naturaleza para llegar a producir vida en nuestro planeta. Hagamos un recorrido rápido por lo que llamaremos "el camino de la vida".

Primer paso: La vida en sus inicios debió ser muy simple cuando se le compara con la complejidad de las células modernas en las que una complicada maquinaria de proteínas forma parte del sofisticado engranaje que funciona con precisión asombrosa. La célula de hoy cuenta con una membrana doble de lípidos que en su cara externa es hidrófila. Estas membranas modernas son tan difíciles de penetrar, que la célula debe usar proteínas para perforarla y así poder incorporar moléculas del exterior. Sin embargo, la vida debió comenzar con membranas más simples e imperfectas.

En la sopa prebiótica existían ácidos grasos simples que en condiciones adecuadas de temperatura forman vesículas. Sidney Fox mostró que es posible la formación espontánea de microesferas en condiciones que podían haber existido hace mucho tiempo en nuestro planeta.[9] Las microesferas no son células vivas pero, como veremos, permiten el desarrollo de una serie de procesos que podrían acabar en estructuras autónomas. Las vesículas al crecer adoptan formas tubulares y son susceptibles de romperse por esfuerzos mecánicos sin perder su contenido.

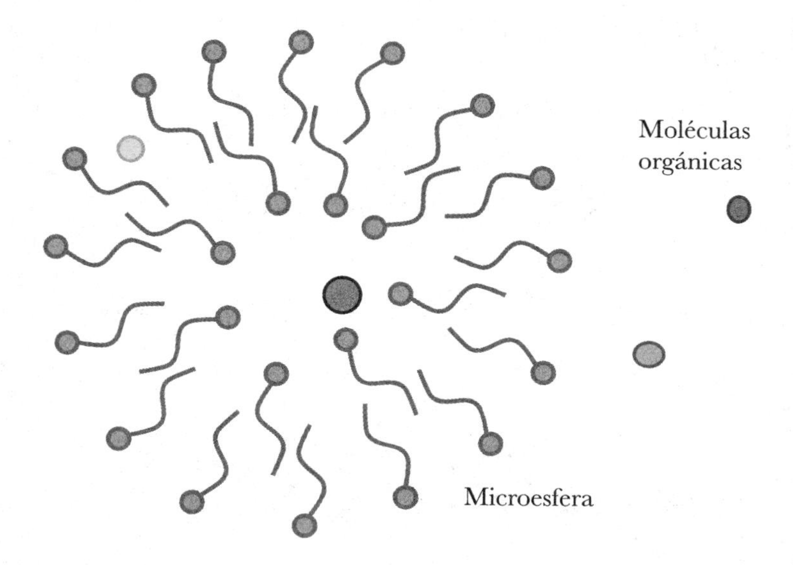

Las primeras membranas eran permeables a moléculas orgánicas pequeñas que podían entrar en las microesferas.

[9] Helena Curtis *et al.*, *op. cit.*

Segundo paso: los ácidos nucleicos modernos son muy estables y requieren de una maquinaria refinada de proteínas para replicarse. La sopa prebiótica contenía cientos de tipos diferentes de nucleótidos, que son moléculas orgánicas que sirven de base para los ácidos nucleicos como el ADN y ARN. Experimentalmente se ha observado que algunos nucleótidos polimerizan de manera espontánea. La cadena forma así una plantilla que aparea más bases para formar cadenas que son calca de la original.

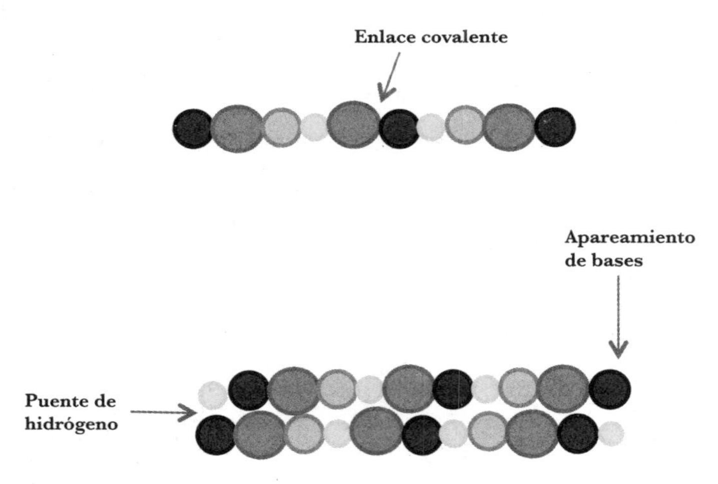

Izquierda: polimerización espontánea en solución. Este proceso forma una plantilla que servirá para que las bases o los nucleótidos en la solución se apareen como se muestra a la derecha.

Tercer paso: las microesferas del primer paso incorporan nucleótidos en su interior —no polímeros—, una vez en el interior de la vesícula, las bases polimerizan y quedan atrapadas. La vesícula incorpora bases que van siguiendo el relieve del polímero formado en el interior que sirve como plantilla.

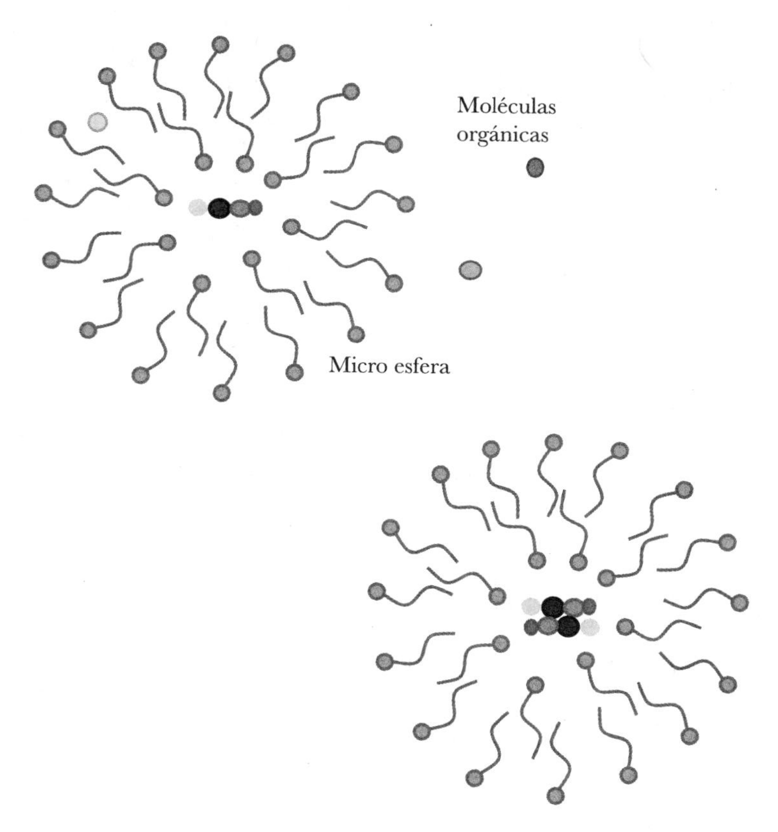

Las moléculas orgánicas que entran en la microesfera eventualmente polimerizan dentro de la vesícula y no pueden más salir de ella (izquierda). El tránsito de moléculas pequeñas a través de las paredes continúa y el polímero formado es usado como plantilla para formar una copia calca.

Cuarto paso: las microesferas deambulan en las aguas de los océanos y encuentran corrientes de convección. Las fuentes hidrotérmicas proporcionan corrientes de agua caliente que no afectan a las vesículas porque éstas son muy estables a temperaturas muy altas (cercanas a la ebullición). Algunas de ellas contienen dobletes de polímeros dentro.

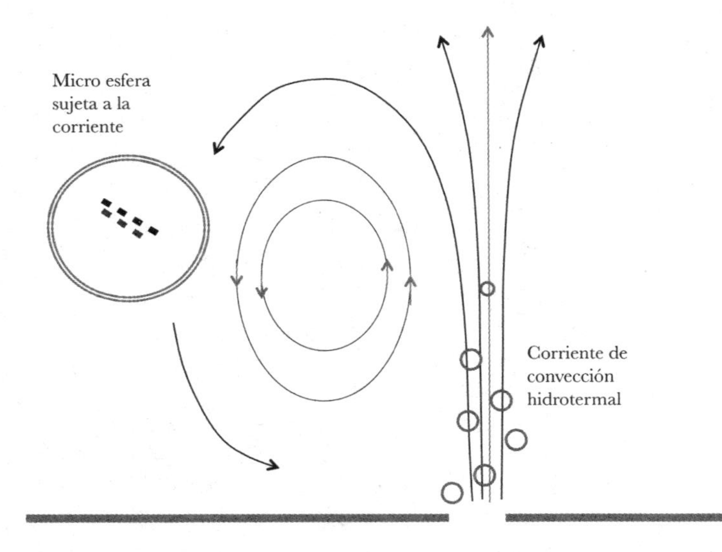

Microesferas con cadenas de monómeros encuentran corrientes de convección en los océanos.

Cuando la vesícula se acerca a la zona de más alta temperatura, los enlaces de hidrógeno se rompen liberando las cadenas de monómeros. Al mismo tiempo, las paredes de la vesícula se vuelven más porosas por efecto de la temperatura y eso permite la entrada de moléculas orgánicas del medio. Cuando la vesícula se aleja a zonas más frías, el proceso de polimerización con las plantillas separadas y las moléculas en el interior de la microesfera se forman nuevas cadenas. El proceso se repite hasta que la vesícula se rompe por efecto de la presión en su interior dando origen a dos microesferas.

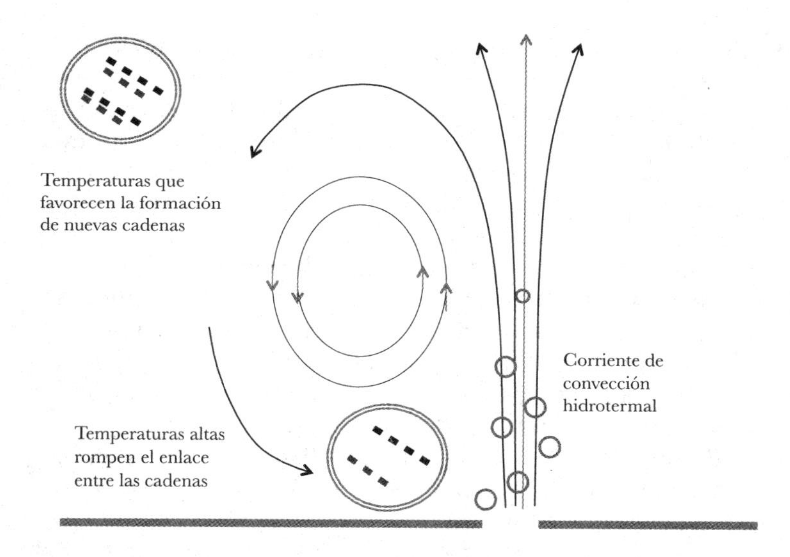

Cuando están sujetas a altas temperaturas, las cadenas de polímeros se separan por rompimiento de los enlaces de hidrógeno. Las paredes de la microesfera se hacen más permeables a moléculas orgánicas en el medio que entran en la vesícula. Cuando las microesferas se enfrían, se forman nuevas cadenas por polimerización en las plantillas existentes.

Quinto paso: las microesferas que se replican más rápidamente acabarán dominando el medio y un cambio accidental que favorezca la replicación rápida dominará después, dando inicio a un proceso evolutivo. Luego las mutaciones se encargarán de incrementar la información en las vesículas que acabarán con las mejores secuencias formadas por los nucleótidos que —hoy sabemos— forman a los ácidos nucleicos. Las cadenas serán estables, pero fácilmente separables para replicar o construir otros compuestos. Después de una larga y paciente búsqueda, los polímeros alcanzarán la forma del ARN que no sólo almacena información, sino que además sintetiza proteínas. Con el tiempo, esta vesícula se convertirá en una célula como la conocemos hoy.

Éste es "el camino de la vida". Muchos de los procesos involucrados han sido cuidadosamente estudiados en el laboratorio y otros deben ser entendidos con más detalle, pero es claro que la idea general es plausible.[10] La descripción que hago es, por supuesto, una simplificación grosera. Una explicación más amplia nos sacaría del curso que hemos emprendido.

En el camino de la vida sólo entran en juego la termodinámica, la mecánica y las fuerzas eléctricas. No se requiere de una intervención externa que sería más difícil de explicar y no se requiere de arreglos improbables que espontáneamente den lugar a una célula moderna en toda su perfección.

En fechas recientes, se ha desarrollado la propuesta planteada en los años ochenta, según la cual, antes de los procesos genéticos, pudo haber un tipo de metabolismo basado en el hierro y el azufre. Esta propuesta es conocida como "teoría del mundo de hierro sulfuro". En este marco el metabolismo se entiende como la serie de procesos químicos capaces de producir energía que es aprovechada para otros procesos.

El autor de esta teoría es el alemán Günter Wächtershäuser, quien ha conseguido producir péptidos a partir de aminoácidos en condiciones de altas presiones y altas temperaturas similares a las existentes en las fuentes hidrotermales de los océanos. Esto lo ha logrado Wächtershäuser utilizando sulfuros de hierro y níquel con selenio como catalizador. Los péptidos son moléculas formadas por pocos aminoácidos; la unión de muchos aminoácidos origina una proteína.

La diferencia con el experimento de Miller es que aquí no se requiere de fuentes de energía como descargas eléctricas mediante relámpagos o radiación ultravioleta. En la teoría del hierro sulfuro se propone que, en las reacciones, los sulfuros

---

[10] Alonso Ricardo y Jack W. Szostak, "Life on Earth", p. 54.

metálicos liberan energía que puede ser usada para la síntesis de moléculas orgánicas.

Según esta teoría, el antepasado común universal se pudo encontrar en una chimenea hidrotermal y el paso evolutivo final de este proceso fue la síntesis de una membrana lipídica que permitió la vida independiente.

Los enlaces atómicos y las moléculas de la vida

Hemos visto que un aspecto central en el mecanismo que dio origen a la vida está en la manera como los átomos se juntan. Los átomos se unen formando moléculas porque la combinación de ellos tiene una energía menor que el arreglo de los dos separados. Los sistemas siempre buscan acomodarse de manera tal que la energía se minimice.

Asimismo, existen diferentes maneras como los átomos pueden vincularse. Los dos tipos de enlace que desempeñan un papel fundamental en la química de la vida son el covalente y el iónico. Estos son también los casos extremos de enlace químico que existen. El enlace covalente que une a los átomos formando el hilo del polímero es un enlace fuerte en el que los átomos comparten electrones. El enlace iónico, por otra parte, es débil y ocurre cuando los componentes han perdido o ganado electrones convirtiéndose en entes eléctricamente cargados.

Una caricatura hablada de estos enlaces sería como sigue: en el enlace covalente dos perros muerden dos huesos y ninguno cede a soltar ninguno de ellos, mientras que, en el enlace iónico, uno de los perros tiene dos huesos y otro ninguno, este hecho lo mantiene cerca, con la esperanza de que en algún momento el perro con los dos huesos suelte uno. Es claro que el "enlace iónico", del perro que se mantiene cerca del que posee los dos huesos, es más débil que aquel donde los dos luchan por ambos huesos.

Cuando en el enlace iónico entra en juego un hidrógeno de una molécula y un átomo muy electronegativo de otra molécula, se le llama puente hidrógeno. El puente hidrógeno es, pues, una fuerza intermolecular fundamental en la vida. Es el que sostiene unidos los hilos del ADN y/o del polímero primordial con el que debió haber comenzado la vida. La separación de los hilos que forman al ADN es la ruptura de este puente de hidrógeno.

En todo esto encontramos algunos hechos fundamentales que incitan a la reflexión. Por ejemplo, las moléculas admiten sólo algunos arreglos de átomos que son determinados de manera muy precisa por la mecánica cuántica. La geometría de estas moléculas está muy bien definida y no se deteriora. Si la molécula cambia, lo hará de manera exacta en otra forma permitida. Esto no es posible con objetos macroscópicos, donde la forma se deteriora y sufre de fluctuaciones en su forma. El origen y el funcionamiento de la vida no admitiría caprichos de este tipo. Por eso la precisión de arreglos atómicos requerida sólo se encuentra a una escala bien definida por la madre naturaleza. Más abajo en esta escala, las fluctuaciones cuánticas no lo permiten y más arriba los aglomerados moleculares dan lugar a objetos donde la variedad es mayor y la definición se pierde. Estas reflexiones simples nos dejan ver la respuesta a una de las preguntas profundas sobre la vida, a saber: el porqué la vida ocupa un lugar medio entre lo microscópico (átomos) y lo macroscópico (planetas). Sólo en este lugar preciso de la escala se cuenta con las condiciones necesarias para una geometría exacta, invariable e inequívoca.

En lo más profundo del fenómeno de la vida hay figuras en el espacio y detrás está la mecánica cuántica. Como diría Vincent Icke, "nosotros, literalmente vivimos y morimos por el hecho de que las moléculas tienen formas definidas".[11] Es en-

[11] Vincent Icke, *La fuerza de la simetría*, p. 165.

tonces, un hecho relevante de los enlaces covalentes que una a los átomos con una orientación fija y que además sea fuerte y evite la construcción de formas muy parecidas.

El carbono: elemento vital

El carbono, el hidrógeno, el oxígeno, y el nitrógeno son los elementos predominantes en la materia viva. Uno aprende en la escuela que la vida está formada por C H O N, que son los símbolos químicos de los elementos biogenéticos. El 96 por ciento de lo que somos está hecho de carbono, hidrógeno oxígeno y nitrógeno. Estos, junto con el calcio, el fósforo, el sodio, el cloro, el potasio, el magnesio y el azufre forman 99.9 por ciento de la materia viva. El 0.1 por ciento restante del material biológico son elementos conocidos como oligoelementos (*oligo*, poco) como el zinc y el aluminio.

En la tabla se puede ver la proporción de los elementos en nuestro cuerpo. Una buena parte de lo que somos es agua que se compone de oxígeno e hidrógeno.

Elemento	Porcentaje
Oxígeno	65
Carbono	18
Hidrógeno	9.9
Nitrógeno	3
Calcio	2.1
Fósforo	1
Potasio	0.35
Azufre	0.25
Sodio	0.15
Cloro	0.15

Elemento	Porcentaje
Magnesio	0.05
Hierro	0.008
Cobre	0.00015
Manganeso	0.00015
Yodo	0.00004
Cobalto	Muy poco
Zinc	Muy poco
Molibdeno	Muy poco

Composición química elemental del cuerpo humano.

La composición química de los seres vivos es muy parecida a la composición de los océanos y muy diferente de la que forma a la corteza terrestre en la que predomina el silicio. Nuestra atmósfera es casi 80 por ciento nitrógeno y aproximadamente 20 por ciento de oxígeno.

Como vimos en el capítulo anterior, el carbono es un elemento central en el origen de la vida. Los átomos de carbono forman cadenas con mucha facilidad. La cadena más corta consta de dos átomos de carbono y las más largas pueden tener cientos o miles de átomos. Pero esto no es lo único peculiar del carbono, las cadenas pueden ramificarse y cerrarse formando anillos con diferente número de átomos de carbono. No existe ningún otro elemento con esta capacidad.

Se ha discutido mucho la posibilidad de que otros elementos tengan la capacidad de constituir moléculas diversas, abriendo así la puerta a otras formas de vida que no estén basadas en el carbono. El silicio es uno de los elementos con propiedades parecidas al carbono y aunque el tema es controversial, mucha gente considera que el silicio no cuenta con las propiedades específicas que le permiten al carbono enlazarse como lo hace.

Cuando los electrones del carbono se encuentran en un orbital esférico (ver la descripción cuántica de los átomos en la introducción), se puede formar un enlace con otro átomo al empalmarse permitiendo que los electrones compartan el espacio entre ellos. Esto acerca mucho entre sí a los núcleos de los átomos en juego. El carbono tiene una segunda manera de ligarse con otros átomos. Esto ocurre cuando los electrones del átomo se encuentran en orbitales no esféricos sino ovalados, es decir, que sobresalen arriba y abajo del núcleo del átomo. En estas circunstancias, cuando los átomos se juntan se forman dos vínculos arriba y abajo del núcleo. El silicio no puede hacer esto. La razón por la que el carbono sí está en el hecho afortunado de que entre los 118 elementos que existen, el carbono es el más pequeño que tiene cuatro electrones en sus orbitales externos. Siendo los átomos de carbono tan pequeños, los orbitales arriba y abajo del núcleo se acercan el uno al otro tanto, como para fundirse formando dos vínculos.

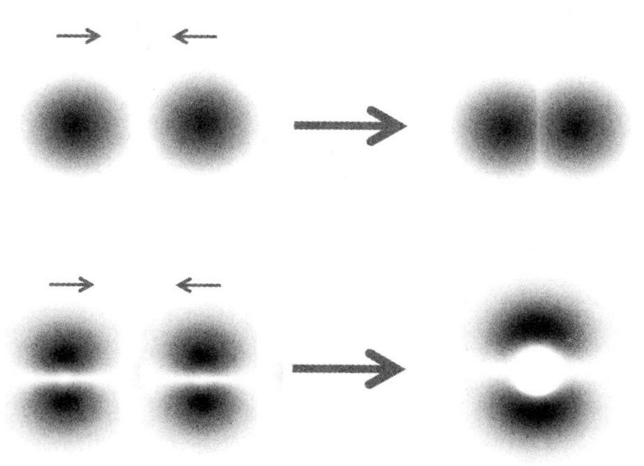

Arriba: dos orbitales esféricos se juntan compartiendo electrones en un espacio que se estrecha entre los núcleos de los átomos (enlace simple). Abajo: los orbitales ovalados de dos átomos se unen para formar dos vínculos (enlace doble).

El silicio es muy grande, por lo que no se puede acercar lo suficiente para formar el doble vínculo, y por esto mismo el bióxido de carbono es una molécula pequeña de gas que contiene dos oxígenos y un átomo de carbono, mientras que el bióxido de silicio es un agregado gigantesco de átomos de oxígeno alternados con silicio que vemos macroscópicamente como arena.

A las sustancias que tienen los mismos átomos pero en distinto acomodo se les llama isómeros. Por ejemplo, el butano es un arreglo de cuatro átomos de carbono en línea y el isobutano es un arreglo de cuatro átomos de carbono en los que uno de ellos se une al del centro de la cadena. El número de isómeros es tanto mayor cuanto mayor es el número de átomos en la molécula. De esta manera, la cantidad de isómeros crece en progresión geométrica. Así, por ejemplo, el pentano C_5H_{12} tiene tres isómeros, el hidrocarburo $C_{13}H_{28}$ tiene 800 isómeros, $C_{20}H_{48}$ tiene 366,000 isómeros y $C_{30}H_{62}$ tiene 4,000 millones de isómeros.[12]

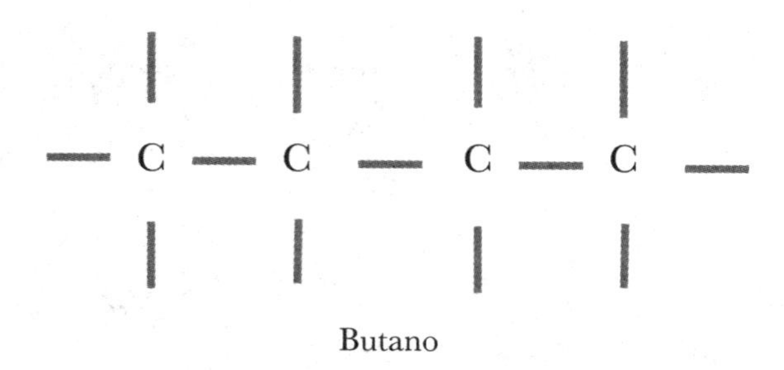

Butano

[12] I. Vlasov y D. Trifonov, *Química recreativa.*

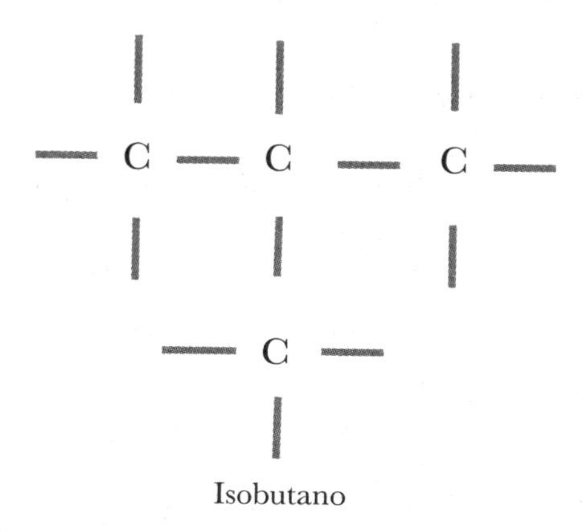

Isobutano

El número de átomos de carbono es el mismo pero ligado de diferente manera, por lo tanto, las propiedades de las dos sustancias son diferentes.

Por supuesto que además de esta prodigiosa multiplicación existen centenares de miles de compuestos orgánicos más en anillos y ramificaciones que generan un sinfín de formas. En esta pluralidad del carbono está la causa secreta de la diversidad orgánica y en esta multiplicidad portentosa de formas geométricas, propiedades químicas y físicas está el secreto del origen de la vida.

Uno bien podría decir que la vida es sólo una más de las propiedades del carbono. Si lo vemos así, esto nos lleva a plantear la pregunta: si entre las propiedades del carbono está la vida, ¿en dónde está el origen del carbono?

La respuesta se encuentra muy lejos, en el centro de las estrellas.

3. El universo a los 1,000 millones de años y el cielo estrellado

Formación de estrellas

En abril de 1995 el telescopio Hubble tomó imágenes de la nebulosa Águila que se encuentra a 7,000 años luz de nuestro planeta y encontró ahí formaciones espectaculares a las que se llamó "los pilares de la creación". La fotografía ha sido aclamada porque ofrece un espectáculo de luces y sombras en la presencia de radiación de otras estrellas y del polvo interestelar que la rodea. La famosa fotografía es una hermosa representación del nacimiento de una estrella. Es por eso que el nombre que recibe tiene mucho sentido: hoy sabemos que la vida comienza en las estrellas donde se cocina el carbono.

Nuestra galaxia, la Vía Láctea, contiene inmensas cantidades de gas compuesto en mayor parte por moléculas de hidrógeno (70 por ciento). Las regiones más densas llegan a contener hasta un millón de partículas por centímetro y en algunas regiones el material se aglomera para formar nebulosas difusas. Inmensas cantidades de gas se colapsan por efecto de la fuerza gravitacional formando un núcleo denso. Cuando este núcleo alcanza los 2,000 grados centígrados, las moléculas de hidrógeno se disocian y los átomos —helio e hidrógeno— se ionizan. La acreción continúa y la temperatura en el centro aumenta hasta que se alcanza el punto de encendido en que la fusión comienza.

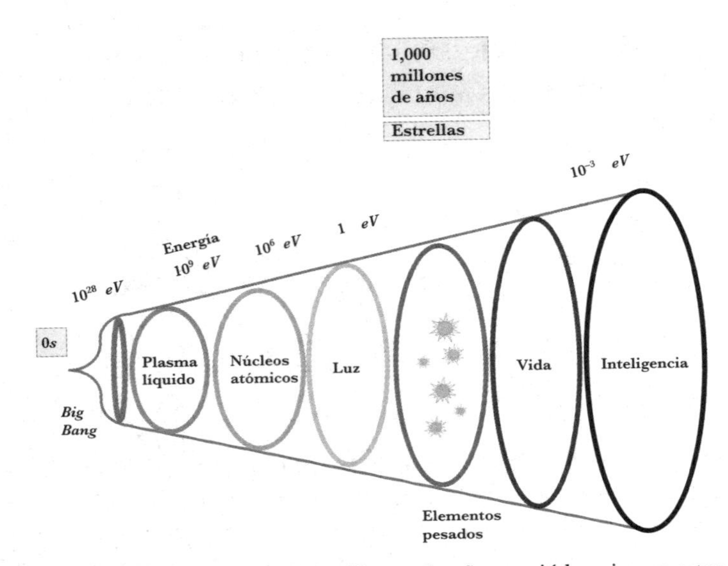

Cuando el universo tenía 1,000 millones de años nació la primera estrella y con esto se inició la producción de los materiales que formarían la vida en nuestro planeta.

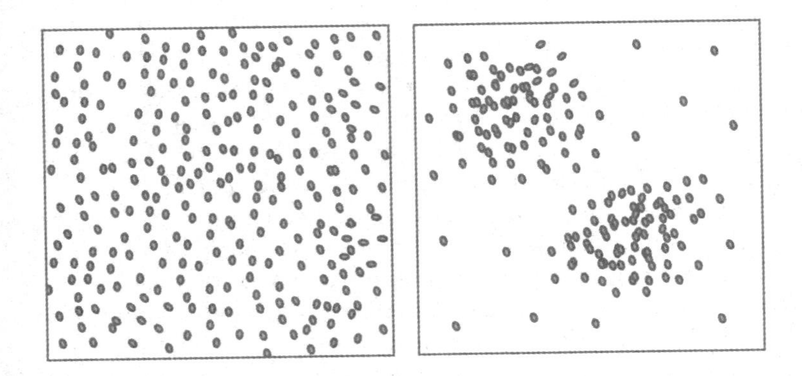

Izquierda: distribución uniforme de moléculas de gas. Derecha: condensación por efecto gravitacional.

La formación de grumos de gas que dejan regiones de vacío en el espacio ha sido estudiada desde hace mucho tiempo. Uno podría preguntarse ¿por qué no vemos en nuestra atmósfera que de pronto el aire se aglomere como se supone que ocurre con las nebulosas? Las fuerzas gravitacionales también están presentes entre las moléculas de aire en la atmósfera, como lo están entre las de gas en el espacio exterior, sólo que la fuerza de gravedad es demasiado débil para mantener unidas a las moléculas frente a la presión debida al mismo gas. Para masas de gas más grandes, las fuerzas de gravedad se vuelven más importantes, y una vez que se aglomera el gas en una región ya no se dispersa más. Lo importante en el proceso es que la atracción gravitacional sea mayor que la presión contraria debida al movimiento térmico de las moléculas de gas. Si uno aplica las condiciones físicas necesarias para la formación de cúmulos al aire de la atmósfera en nuestro planeta, se obtiene que a 300 grados Kelvin, es decir, a temperatura ambiente de 28 grados, y una densidad de 0.001 gramos por centímetro cúbico, el radio de condensación sería de 200,000 kilómetros.[1] El radio de la Tierra es de 6,370 kilómetros, es decir, mucho más pequeño que el radio de condensación. Ésta es la razón por la que nuestro aire no se separa en bolas de gas. La capa de aire de nuestro planeta es muy delgada para eso.

La más cercana de las estrellas, nuestro Sol, se encuentra en equilibrio hidrostático, pues no se contrae ni se expande. Eso quiere decir que la presión interna del gas, a la elevada temperatura a la que se encuentra, es igual a la presión que ejerce el peso de la gran cantidad de material que tiene encima.

Además, nuestro Sol se encuentra en equilibrio térmico, lo que significa que la energía que se genera en el centro por reacciones de fusión nuclear es igual a la energía que se emite por la superficie del Sol. Si no fuera así, el Sol se calentaría y lo

---

[1] George Gamow, *The Creation of the Universe*, p. 76.

veríamos expandirse. Afortunadamente el equilibrio térmico mantiene las dimensiones de nuestra estrella fijas.

El centro del Sol es la región más caliente, puede llegar a los 15 millones de grados. En esta región que abarca un tercio del radio total, es donde se dan los procesos de fusión.

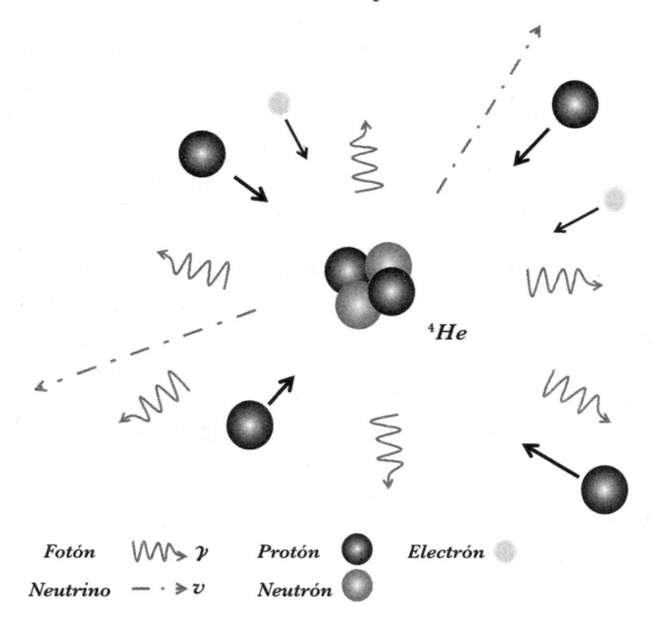

Fusión de cuatro protones y dos electrones para producir un núcleo de helio y energía que se llevan fotones y neutrinos. Es una caricatura que resume lo que en realidad ocurre en varios pasos.

La energía que produce el Sol proviene de reacciones termonucleares de las cuales la más importante es la que se origina cuando cuatro átomos de hidrógeno y dos electrones se unen para formar un núcleo de helio liberando seis fotones y dos neutrinos. Este proceso de producción de energía y helio es conocido como ciclo de protón y es la reacción más importante en las condiciones de temperatura y presión del núcleo solar.

Se estima que existen 10^{23} estrellas en lo que podemos observar del universo. Después del Sol, la más cercana a nuestro planeta es Proxima Centauri, que se encuentra a 4.2 años luz de distancia. Proxima Centauri es un poco más pequeña que el Sol, 40 veces más densa y se acerca a nosotros a 22 kilómetros por segundo; se estima que dentro de 26,700 años estará a sólo 3.1 años luz de distancia, en ese punto se comenzará a alejar de nuestro planeta. Llegar hasta la Proxima Centauri con una nave espacial demoraría varios miles de años. Para tener una idea, el Voyager 1, lanzado en 1977, viaja a 17 kilómetros por segundo y si fuese en la dirección de esta estrella —que no lo hace— demoraría en alcanzarla más de 70,000 años. Algunos proyectos de propulsión nuclear plantean la posibilidad de construir naves más veloces que podrían alcanzar a Proxima Centauri en la escala de uno o dos siglos.

Síntesis nuclear estelar

Exceptuando al hidrógeno, a su isótopo el deuterio, al helio y al litio, que se produjeron en los primeros minutos del universo, los elementos pesados se producen en el centro de las estrellas a partir de núcleos más ligeros. Al proceso de producción de núcleos pesados se le llama síntesis nuclear.

Para la producción de elementos pesados es necesario un medio de muy alta temperatura donde se produzcan colisiones entre núcleos ligeros a muy alta velocidad. La temperatura necesaria para la fusión de dos protones debe ser superior a los cinco millones de grados. La producción de carbono requiere de un medio a casi 1,000 millones de grados. Nuestra estrella, el Sol, sólo produce helio a partir de hidrógeno.

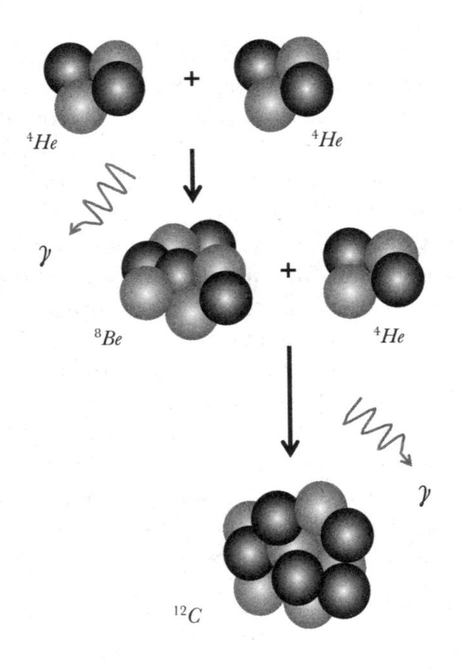

Dos núcleos de helio se unen para formar un núcleo de berilio. La reacción libera energía que escapa y que se muestra aquí con una γ. Luego, el berilio se une a un núcleo de helio liberando más energía y formando un núcleo de carbono 12.

Las estrellas pueden quemar helio para formar elementos progresivamente más pesados hasta llegar al hierro. Hasta ese punto, las reacciones liberan energía. A partir del hierro, los elementos más pesados requieren de energía para su formación. Cuando las estrellas han agotado su combustible sobreviene una explosión supernova en la que probablemente se forman los elementos más pesados que el hierro. Así que, antes de morir, las estrellas parecen cebollas con hierro en su centro y luego capas de silicio, azufre, oxígeno, neón, etcétera, hasta llegar a la capa más externa formada de hidrógeno y helio. Cuando las estrellas mueren, estallan regando por el espacio los elementos pesados que acabarán formando planetas, vida y conciencia. Las estrellas deben morir para que tú vivas.

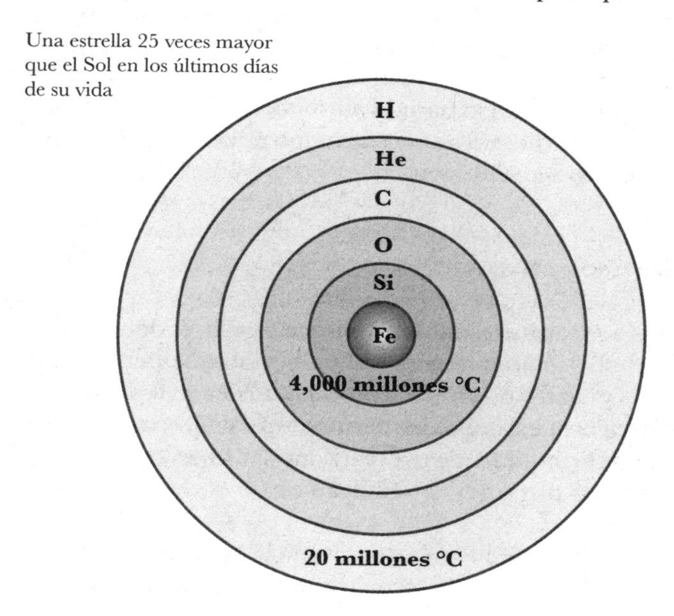

Una estrella a punto de morir. Los elementos que van del oxígeno al hierro se producen en estrellas que tienen una cantidad de materia por lo menos diez veces mayor que la del Sol.

La química de la vida es la química del carbono y éste se produce en las estrellas cuando núcleos de helio se juntan para formar berilio, que se convierte en carbono 12 cuando un núcleo de helio se le une.

Nos detendremos un poco en la formación de carbono porque, como hemos visto, es el elemento fundamental en la vida, sus características químicas son tales que hace posible la formación de geometrías cruciales para la química orgánica, pero además porque ha sido el motivo central de la argumentación en favor de lo que se llama “gran diseño”. Según este concepto, las condiciones necesarias para la existencia de vida inteligente no se cumplieron de manera casual. La formación del carbono ha sido un argumento tradicional en el debate entre quienes piensan que el universo ha sido ajustado para producir vida y los que piensan que no es necesario introducir agentes externos para entender su origen.

La formación del carbono

El carbono se forma cuando dos partículas alfa, es decir, los núcleos de helio se unen formando un berilio que tiene cuatro neutrones y cuatro protones. Luego un núcleo más de helio se une al berilio ya existente para formar el estado con seis neutrones y seis protones, que es el carbono 12. En este proceso de formación hay dos aspectos destacables:

- Una vez que se han unido dos núcleos de helio para formar el berilio 8 se presenta un problema difícil para llegar al carbono 12, a saber, que el berilio 8 tiene una vida media de 7×10^{-17} segundos, que es un tiempo muy corto como para que otro núcleo de helio llegue a unirse con él formando al carbono 12. En otras palabras, antes de que se encuentre con otro núcleo de helio, el berilio habrá desaparecido y, por tanto, la formación de carbono 12 resulta imposible. Esto es verdaderamente dramático si consideramos que el carbono es el eslabón para la formación de elementos más pesados y para la vida en la Tierra.

  Puesto que existen elementos pesados en el universo y puesto que existimos nosotros bajo el Sol, debe haber un incremento en la probabilidad de producir el carbono que sortee esta dificultad. La existencia de un estado excitado del carbono 12 que tenga una energía un poco por arriba de la que tiene el carbono 12 normal, serviría como etapa intermedia para llegar al vital carbono 12. Si existiese un tal estado, la probabilidad de que el berilio se uniese con helio para formarlo aumentaría considerablemente. Estados como éste son llamados resonancias. Antes de que el berilio se desintegrara, un helio adicional se uniría formado el carbono 12 excitado que luego decaería al carbono 12 normal, haciendo posible la existencia de más elementos pesados y, más aún, de la vida misma.

¡Esta resonancia existe!

- Una vez que el carbono 12 se ha formado, surge un problema adicional. El carbono 12 se fusiona con un núcleo de helio para producir oxígeno. Éste tiene ocho protones y ocho neutrones. Si en este proceso existiera una resonancia, es decir, un incremento en la probabilidad de que ocurra el proceso de formación del siguiente elemento, el carbono no duraría mucho y se transformaría rápidamente en oxígeno desapareciendo por completo. En estas circunstancias el universo carecería de carbono 12. Sin embargo, la conjunción de masas y energías sobrantes hacen que esta resonancia no exista y, por lo mismo, el carbono sobrevive para la alegría de todos nosotros.

En resumen, el carbono 12, y por tanto nosotros, tenemos suerte dos veces: la existencia de la resonancia en la fusión de berilio y helio que forma carbono 12 excitado antes de que el berilio muera, y la falta de resonancia en la fusión de carbono 12 con helio para formar oxígeno que evita que el carbono 12 desaparezca dando paso al oxígeno. Por esta doble coincidencia tenemos carbono en el universo, tenemos planetas y tenemos vida en la Tierra.

Este hecho tan singular en la formación del carbono ha sido tema de discusión por mucho tiempo, porque para algunos representa una evidencia clara de que vivimos en un universo donde las delicadas condiciones para la aparición de la vida en la tierra han sido colocadas cuidadosamente por un agente externo. Según algunas estimaciones, con sólo cambiar en 0.5 por ciento la magnitud de la fuerza fuerte o en 4 por ciento la magnitud de la fuerza electromagnética, todo el carbono que se forma en las estrellas no existiría ni existiría tampoco el oxígeno y, por tanto, la vida sería imposible.

Para muchos, esto es una clara indicación de la intervención sobrenatural que operó con gran precisión las condiciones necesarias para la existencia de vida en el universo. No nos detendremos en las discusiones sobre el tema en este momento, dejaremos para las reflexiones finales este punto y seguiremos nuestra búsqueda de causas.

La causa de la formación de carbono está en la existencia de estrellas donde se produce. Y aunque una resonancia en su núcleo aumenta la probabilidad de formarlo y una ausencia de resonancia evita que se oxide, el proceso en su totalidad obedece a las leyes fundamentales expresadas en constantes de la naturaleza.

Hemos visto que las estrellas se forman con la aglomeración de hidrógeno y helio, pero sabemos que esta aglomeración, operada por la fuerza gravitacional, no sería posible si el universo fuese uniforme. La materia que se produjo en las etapas anteriores del universo se dispersó en zonas de mayor y menor densidad, proporcionando a la gravedad las condiciones iniciales para que formara grumos que acabaron produciendo nebulosas, galaxias y estrellas.

No tendríamos cómo explicar que en el universo temprano se gestaran irregularidades, si no fuera porque en la etapa anterior el universo estuvo dominado por un comportamiento cuántico propio del microcosmos. En la mecánica cuántica que determina la etapa anterior a la formación de estrellas en el universo, las fluctuaciones temporales de energía en diferentes puntos del espacio son debidas al principio de incertidumbre de Heisenberg, según el cual la energía y el tiempo de un proceso microscópico están entrelazados por una relación de incertidumbre en la que el aumento en definición de una implica la disminución de la otra.

Estas fluctuaciones cuánticas se escalaron amplificando irregularidades que forman el comienzo de una estructura universal. Las diminutas irregularidades dieron origen a enormes conglomerados de materia en forma de nebulosas que han hecho posible la formación de las estrellas, que son gigantescas fábricas de elementos pesados. Veamos más de cerca la minúscula disparidad de un mundo cuántico. Ahí está el origen de las estrellas.

4. El universo bebé: cuando tenía 300,000 años de edad

En realidad, la formación de las estrellas, comenzó mucho antes de que estas aparecieran en el cielo nocturno. Podemos ver la sutileza de las fluctuaciones cuánticas que les dieron

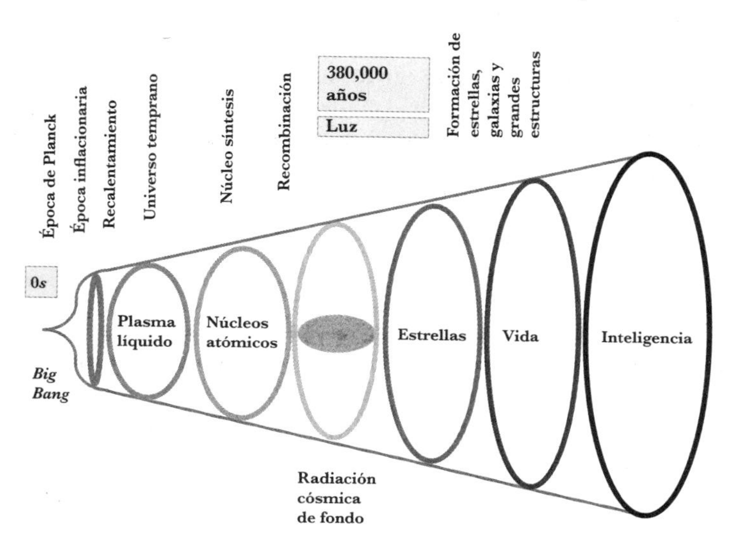

Cuando el universo tenía 380,000 años de edad se hizo transparente. La luz que escapó en ese momento nos muestra una imagen del mismo.

origen en la fotografía del universo temprano. La aleatoriedad cuántica de un universo microscópico se convirtió en variaciones diminutas de materia entre regiones del firmamento. Estas pequeñas diferencias fueron suficientes para que la gravitación hiciera el resto, concentrando minúsculas cantidades que se fueron convirtiendo en gigantescas moles de masa que le dieron estructura de nebulosas, estrellas y galaxias.

Luz fósil

La fotografía del universo temprano es, en todos los sentidos, la más valiosa del mundo, primero por el valor intelectual que posee, luego por el valor cultural que implica la mirada a nuestro pasado remoto y, finalmente, por el costo en tiempo, dinero y esfuerzo que implicó tomar esta imagen.[1]

En 1986 el proyecto COBE quedó a la deriva pero llegaría a su destino tres años más tarde: el Comité Nobel de 2006 consideradó a John Mather y George Smoot los líderes del proyecto que otorgó a la cosmología el carácter de ciencia de precisión.

[1] Gerardo Herrera Corral, "El Universo bebé".

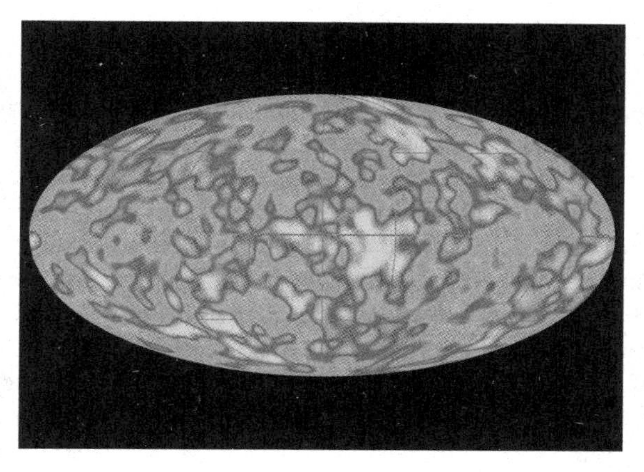

Imagen del universo a la edad de 380 mil años, obtenida por la misión COBE. Las zonas azules y blancas, en diferente grado, definen variaciones de temperatura. Fuente: http://www.nasa.gov/multimedia/imagegallery/image_fearture_1521.html.

La historia de esta fotografía es la historia de un naufragio

La mañana del 28 de enero de 1986 era inusualmente fría en Florida, Estados Unidos. Ese frío debió agravar la falla que más tarde ocasionaría un accidente terrible. El transbordador Challenger había realizado nueve misiones antes de desintegrarse ese día, cuando apenas habían transcurrido 73 segundos después del lanzamiento. Esa gélida mañana, la cuenta regresiva comenzó a las 11:29, después de que los siete tripulantes tomaran el desayuno. El lanzamiento ocurrió a las 11:38 y, poco después, el Challenger, envuelto en llamas, dejaba una estela de vapor en el cielo azul, ante la mirada atónita de mucha gente. La nave quedó destruida por completo, excepto la cabina de los tripulantes que cayó de una altura de 15 mil metros al océano. Los astronautas no disponían de paracaídas ni de equipo de eyección. Este hecho junto con la posibilidad de que estuvieran con vida, aun después de la explosión, inquietó a la gente, que lanzó fuertes críticas contra la NASA, por lo cual suspendió sus vuelos hasta 1988.

Para John Mather, coordinador de los trabajos de diseño y construcción del satélite COBE, esta tragedia marcó el inicio de un naufragio. Con el desastre comenzó una larga y penosa gestión para salvar el trabajo de más de 1,000 personas que desde 1974 tenían todas las esperanzas puestas en el dispositivo que debería ser lanzado al espacio por el transbordador.

El Cosmic Backrgound Explorer (COBE) fue uno de estos proyectos que reclamaron la participación de mucha gente y de grandes inversiones, y además exigió la vida de gente como John Mather, George Smoot y muchos otros.

John Mather tenía 30 años cuando concluyó su doctorado y fue reclutado por la NASA para pensar en la manera de medir la radiación cósmica de fondo. La idea no era de él, sino de un hombre que desde años atrás trabajaba en el tema con técnicas de medición cada vez más refinadas. Su nombre era George Smoot, compañero de Mather en este naufragio.

George Smoot había trabajado con el legendario Luis Álvarez en proyectos que pretendían detectar antimateria en las capas altas de la atmósfera, con la ayuda de globos que transportaban sus detectores. Con el grupo de investigadores de Luis Álvarez, George Smoot comenzó a desarrollar un dispositivo capaz de medir la diferencia de temperatura entre dos puntos del espacio. Sin embargo, las mediciones desde la superficie terrestre daban una distribución uniforme, hecho que llevó a Smoot a sugerir a la NASA la realización de un experimento desde satélite.

Ante la tragedia del Challenger, las primeras gestiones de John Mather abrieron la posibilidad de enviar el COBE al espacio con un cohete francés. Esto causó indignación a muchas personas que no aceptaban que un proyecto estadounidense requiriera de ayuda externa para su culminación. Fue entonces que la NASA aceptó poner en órbita el satélite con el uso de un pequeño cohete Delta. Esto obligó a rediseñar el dispositivo, reduciendo su tamaño y peso.

En noviembre de 1989, el aparato de 160 millones de dólares fue lanzado al espacio desde la base Vanderberg de la Fuerza Aérea en California. Así terminó una saga científica iniciada 25 años antes, cuando dos ingenieros electrónicos de los Laboratorios Bell observaron un ruido extraño en sus circuitos electrónicos. Este accidental descubrimiento sería interpretado como un ruido de fondo, de origen cósmico, que se originó en las etapas tempranas de nuestro universo.

El modelo cosmológico —según el cual nuestro universo nació hace 13,800 millones de años de un punto muy denso y caliente— prevé la existencia de radiación liberada en el momento de formación de los átomos primordiales. Esta etapa del universo temprano se conoce como Recombinación. En ella el universo se había enfriado lo suficiente como para que los protones y los neutrones, al atrapar electrones, empezaran a formar átomos. Este hecho liberó a los fotones (que forman la luz) y que hasta entonces habían estado retenidos por la espesa nube de electrones.

Éste es el momento preciso en el que el universo se hizo transparente. La radiación lumínica tenía entonces 3,000 grados centígrados de temperatura, pero con el pasar del tiempo y la expansión del universo, ahora tiene sólo -270.45 grados centígrados. La observación de este apacible hálito cósmico fue la primera evidencia en favor de la teoría del *Big Bang*.

Arno Penzias y Robert Wilson, ingenieros de Bell, fueron capaces de percibir el primer respiro del universo, ese prístino aliento hecho de luz. Para verlo, sólo hay que mirar al cielo y buscar entre las estrellas la llegada del tenue resplandor. Eso fue lo que COBE hizo.

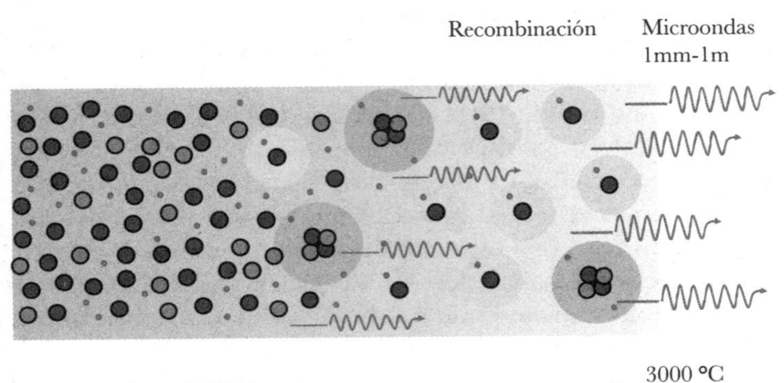

Recombinación. En esta etapa los protones (grises) y los neutrones (azules) se agrupan para formar átomos de helio primordial. Los protones se convierten en núcleos de hidrógeno al atrapar electrones. La formación de átomos permite a los fotones escapar de la densa nube de electrones que la contenía.

En enero de 1990, es decir, dos meses después de la puesta en órbita, John Mather asistió a la reunión anual de la Sociedad Astronómica Americana en Washington. En el punto más alto de expectación, Mather proyectó en la pantalla la primera gráfica del experimento, en la que se veía una curva de intensidad para 67 diferentes longitudes de onda, es decir, la intensidad de 67 colores distintos presentes en la radiación cósmica de fondo. La curva mostraba las intensidades esperadas para cada color según lo predicho por los cosmólogos. El público se puso de pie y ovacionó a Mather y a la colaboración COBE.

Entre tanto, George Smoot medía pequeñas variaciones del fondo de microondas en diferentes direcciones del firmamento. Las diferencias de temperatura podrían explicar la manera cómo más tarde se agregaría la materia para formar galaxias y estrellas. Más aún, las pequeñas variaciones indicarían efectos cuánticos que producen fluctuaciones de manera natural.

En abril de 1992, los resultados fueron publicados y la famosa fotografía vio la luz pública. Desde entonces, y en su versión más actualizada, es considerada una "foto de culto".

Después de COBE vendría el satélite Wilkinson Microwave Anisotropy Probe (WMAP), cuyo nombre proviene de David Wilkinson, quien murió en 2002 sin ver los resultados de su trabajo en esa misión. Hacia mayo de 2009, la Agencia Espacial Europea lanzó el satélite Planck que ha estado tomando datos desde entonces. El 21 de marzo de 2013, la misión Planck presentó sus primeros resultados y una fotografía con la mejor resolución del universo bebé.

La misión Planck tiene una sensibilidad 25 veces mayor que la de su predecesor el WMAP y puede medir diferencias de temperatura de una millonésima de grado. De los datos obtenidos, dicha misión ha podido estimar la edad del universo, para encontrar que es 100 millones de años más viejo de lo que se había pensado. Ahora decimos que el universo tiene 13,800 millones de años de edad.

Las irregularidades en la fotografía indican los lugares donde más tarde se formarían estructuras astronómicas, que son el resultado de un mundo aún más pequeño que dejaba su huella cuántica. Asimismo, muestran el momento en que el universo produce la materia básica hecha de hidrógeno y helio, elementos necesarios para que se formaran las estrellas, donde se producirán más tarde los elementos pesados.

Mirar es un viaje al pasado

Cuando miramos a una persona que se localiza a 60 centímetros de distancia, lo vemos como era dos nanosegundos antes. Esto significa que no sabremos si ha comenzado a reír hasta que no hayan transcurrido 2,000 millonésimas de segundo. Por ejemplo, mirar la Luna nos lleva 1.3 segundos al pasado. Cuando los astronautas se tropezaban en su superficie (y lo hacían con frecuencia) no nos enterábamos en la Tierra sino después de transcurridos 1.3 segundos. La información se transmite a través de ondas electromagnéticas del mismo tipo que la luz y, por eso, viaja a 300 kilómetros por segundo.

El universo 2 nano segundos atrás

El universo 8 minutos atrás

El universo 1.3 segundos atrás

El universo 13,400 millones de años atrás

Siempre miramos al pasado. Con la ayuda de un satélite y dispositivos especiales podemos ver el universo cuando apenas tenía 380,00 años de edad.

No tenemos manera de acortar los tiempos porque la teoría de la relatividad establece la velocidad de la luz como fundamental y máxima en la naturaleza.

El Sol podría haber desaparecido hace ocho minutos y tú no te has enterado. Una explosión desintegradora o un apagón cósmico de estrellas no evitarán que la luz que salió hace ocho minutos del astro rey siga su curso para llegar a donde nos encontramos. Si esto ocurrió, dentro de ocho minutos nos cubriremos de tinieblas.

Cuando miramos al cielo nocturno ayudados por dispositivos muy sensibles, vemos en él gran cantidad de astros: galaxias, nebulosas y estrellas. Si buscamos la manera de enfocar la atención en los puntos más oscuros del firmamento y aumentamos la sensibilidad de nuestros instrumentos, veremos una tenue refulgencia que nos muestra al universo de hace 13,400 millones de años. La luz no es visible para nuestros ojos pero está ahí.

Mapa de temperaturas obtenido por la misión Planck. Las diferencias en la intensidad del color representan pequeñas desviaciones alrededor de los 2.7 grados Kelvin. Fuente: http://www.nasa.gov/mission_pages/planck/multimedia/pia16873.html.

La recombinación no sólo liberó la luz que forma el fondo cósmico de microondas medido con tanta precisión, al mismo tiempo, los núcleos atómicos atraparon a los electrones para formar los primeros átomos. De hecho, este proceso es el que da nombre a la época Recombinación. Los núcleos de helio fueron los primeros en atrapar electrones, y lo debieron hacer en dos pasos: en el primero, el núcleo constituido por dos protones atrapa a un electrón liberando energía en forma de luz y luego se neutraliza por completo al atrapar a otro electrón. Poco después los protones comenzaron a atrapar electrones de la misma forma para dar lugar a los átomos iniciales de hidrógeno.

El hidrógeno que se creó en ese momento formaría, 1,000 millones de años más tarde, las primeras nebulosas donde se gestaron las estrellas.

En la foto del universo de esta época podemos ver el momento en que éste entrega hidrógeno y helio en una distribución rugosa, indispensable, para llenar al cielo de estructura. Un firmamento uniforme hubiera sido estéril. En la irregularidad de la imagen está la generación posterior de formas. La áspera distribución de la luz es una manifestación de procesos en que protones y neutrones danzaban conforme a los principios de la mecánica cuántica que los describe.

Si el movimiento de las nebulosas se rige por la gravedad, la desigual distribución de su materia se debe a las leyes del mundo microscópico que lo antecedieron.

Este juego entre lo pequeño y lo grande es sorprendente, pero no singular. Nuestro universo está definido por un ir y venir entre la luz y la sombra, entre los enlaces covalentes fuertes y los enlaces iónicos débiles, entre lo grande y lo pequeño.

La configuración que los protones y neutrones tenían en el momento de la recombinación fue crucial porque en la textura creadora de las estrellas fue donde se cocinaron los elementos que conformaron la vida. Sin embargo, no es aquí donde comenzó todo. Fue necesario tener protones y neutrones para llegar a este punto.

5. El universo nuclear: los primeros tres minutos

Cuando el universo tenía tres minutos de edad, la temperatura había descendido a 1,000 millones de grados y los quarks libres habían comenzado a juntarse para formar protones y neutrones. Con el tiempo, los protones formaron núcleos de hidrógeno y algunos se aparearon a neutrones para formar núcleos de helio. Ocasionalmente, protones y neutrones se unieron formando también isótopos como el deuterio. A este periodo del universo temprano se le conoce como época de la síntesis nuclear del *Big Bang*.

Síntesis nuclear de la Gran Explosión

El modelo de la Gran Explosión predice que durante los primeros minutos se debieron formar los elementos más abundantes o, para ser más preciso, los núcleos de los elementos más ligeros.[1] Explica con gran precisión que casi tres cuartas partes del universo sean hidrógeno y el resto, una cuarta parte, helio. La síntesis nuclear debió ocurrir entre los diez primeros segundos y los veinte primeros minutos después del

[1] Steven Weinberg, *The First Three Minutes.*

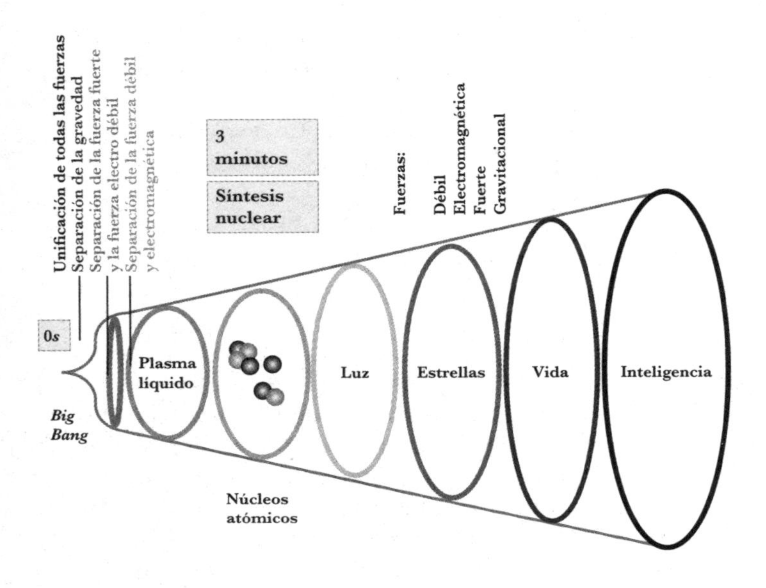

Formación de los núcleos de hidrógeno y helio, los elementos más abundantes del universo. Las fuerzas se separan en los primeros momentos del universo temprano.

Big Bang. El universo de hoy está constituido en gran parte por elementos ligeros que se formaron en dicho momento. Una fracción muy pequeña de núcleos más pesados que el de helio, como el litio, se formaron también en ese periodo. Se calcula que la abundancia de hidrógeno es de aproximadamente 75 por ciento, la del helio casi de 25 por ciento y sólo 0.01 por ciento deuterio, mientras que existe 0.000000001 por ciento de litio y berilio. La descripción teórica de la abundancia de elementos abarca diez órdenes de magnitud en sus predicciones y lo hace con gran precisión. Las mediciones actuales confirman estos porcentajes de manera sorprendente.

Cabe destacar que se acostumbra dar porcentajes de masa y no de número. Esto quiere decir que cuando hablamos de 25 por ciento de helio, significa 25 por ciento de la masa en el universo —sólo 8 por ciento de los átomos son de helio—, su porcentaje en masa es mayor, siendo más pesados que el hidrógeno.

Ahora bien, el deuterio es un arreglo de protón y neutrón. Todo el deuterio que encontramos en la Tierra se formó cuando el universo tenía tres minutos de edad porque no existen procesos de producción adicional. En la actualidad sabemos que una de cada 10,000 moléculas de agua en el mar tiene un deuterio en lugar de hidrógeno.

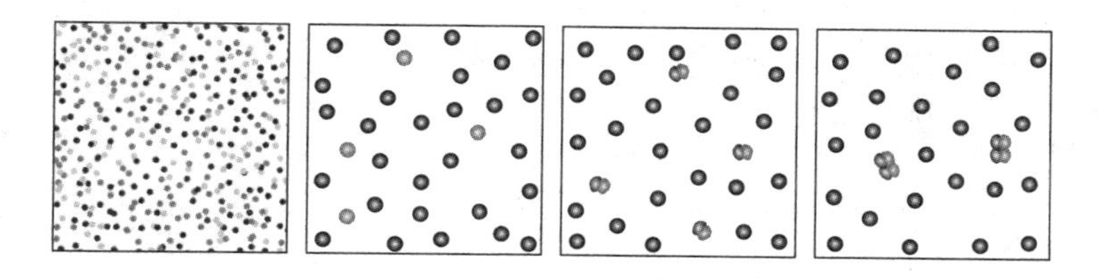

La síntesis nuclear primordial consiste en el paso de quarks y gluones (izquierda) a la formación de protones (grises) y neutrones (azules), que constituyen los primeros núcleos de átomos de hidrógeno, deuterio y helio.

Los neutrones están formados de tres quarks: un quark "u" y dos quarks "d". Estos quarks tienen carga eléctrica que cuando se suma dan cero, de tal manera que el neutrón es una partícula eléctricamente neutra. Los neutrones libres decaen en 15 minutos, lo que significa que se convierten en un protón, un antineutrino y un electrón. Sin embargo, cuando se encuentran formando parte del núcleo de un átomo, los neutrones son estables. En los primeros minutos del universo el helio confinó neutrones que por eso no decayeron. El deuterio guarda consigo un neutrón, de manera que también ha contribuido a la conservación de neutrones en el universo. De no ser por esto, los neutrones hubieran desaparecido por completo. Los neutrones han sobrevivido 13,800 millones de años por habitar en el interior de los núcleos de los átomos.

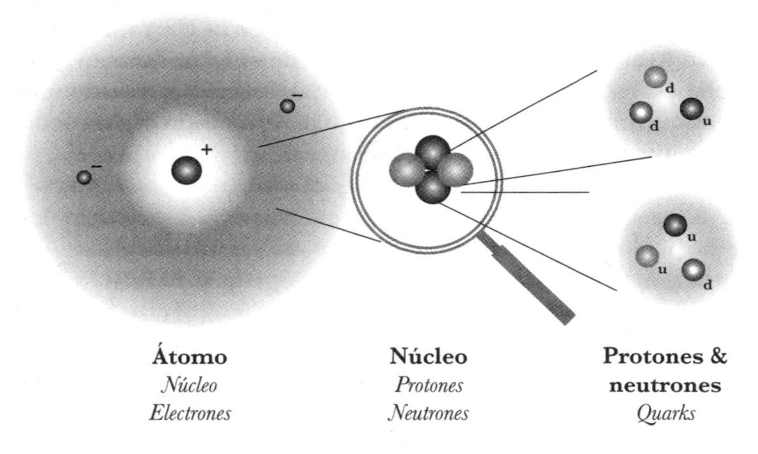

Los protones y los neutrones que forman los núcleos de los átomos están formados a su vez de quarks. En el modelo más simple, ambos están formados de tres quarks.

Los protones también están conformados por tres quarks: dos "u" y un "d". Cuando la carga eléctrica de éstos se suma, nos da una carga total positiva.

A medida que el universo se expandía, éste se enfrió y los protones se unieron a los neutrones para formar el deuterio, el helio, etcétera. Hay razones para pensar que cuando el universo estaba muy caliente los protones y neutrones se transformaban entre ambos. En ese tiempo, el número de protones y neutrones era el mismo; actualmente hay nueve protones por cada neutrón y el número de electrones en el universo es casi el mismo que el de protones. Es conveniente mencionar que, si la expansión del universo fuese demasiado lenta, podríamos haber perdido a los neutrones en decaimientos espontáneos antes de que fueran salvados por el deuterio y el helio. Si, por el contrario, la expansión del universo hubiera sido muy rápida, los protones se hubieran dispersado y la materia no se hubiera agrupado para formar la estructura que, como vimos antes, hizo posible la formación de estrellas y galaxias.

Como vemos, la velocidad de expansión del universo es crucial. ¿Qué es lo que determina la velocidad con que se expande el universo?

El universo nació con una cantidad de masa y energía determinadas; la fuerza de gravedad que éstas ejercen hace que la expansión de la explosión original sea más lenta de lo que sería sin ella. El frenado que la gravedad ejerce sobre su expansión depende de la densidad de masa en el universo. La densidad de masa junto con los efectos de la materia oscura, la energía oscura —cuya naturaleza sigue siendo un misterio—, están cifradas en la constante cosmológica que determina la velocidad de expansión del universo.

Al final de los primeros tres minutos la temperatura del universo era de alrededor de 1,000 millones de grados, es decir, unas 60 veces más caliente que el centro del Sol. Media hora después, la temperatura habrá caído a 300 millones de grados, 18 veces la temperatura en el núcleo del Sol. Así continuó expandiéndose y enfriándose hasta que, a los 380,000 años de edad, volvió a ocurrir algo interesante: los núcleos que se habían formado atraparon a los electrones para formar átomos y liberar la luz que aún hoy podemos ver. La expansión y el enfriamiento continuaron para que poco antes de que el universo cumpliera sus primeros 1,000 millones de años de edad, se llenara el cielo de estrellas.

Si bien los protones y los neutrones aparecieron durante los primeros tres minutos del universo, la materia de la que están formados existía antes en condiciones de temperatura, presión y densidad extrema. La sustancia previa estaba formada de partículas elementales aglutinadas en un plasma primordial del que surgió todo.

6. El universo líquido: un microsegundo después del Big Bang

Cuando el universo tenía apenas un microsegundo de edad, las partículas que le daban forma al espacio-tiempo constituían un líquido extremadamente denso y caliente.

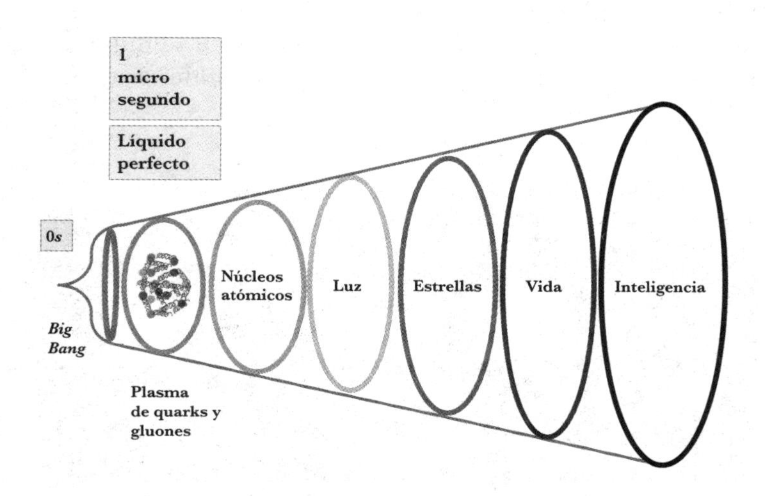

El plasma de quarks y gluones se formó inmediatamente después de la inflación cósmica. Su naturaleza de líquido perfecto fue decisiva para que el universo evolucionara como lo hizo.

El universo que recién comenzaba estaba compuesto por radiación y materia elemental en un estado singular de líquido perfecto. En esta condición, la viscosidad del plasma de quarks y gluones era casi cero. Aunque conocemos la superfluidez que se obtiene a muy bajas temperaturas en sustancias como el helio, lo que puede darnos una imagen del estado de la materia en esta época del universo, el líquido primordial se encontraba a 5.5 billones de grados centígrados y 100,000 cuatrillones de atmosferas de presión. En estos extremos inimaginables, el universo se derramaba como una gota del fluido más sutil.

Viaje al pasado remoto: el experimento ALICE

La colaboración ALICE construyó un detector que pesa 10,000 toneladas y mide 26 metros de largo, 16 de alto y 16 de ancho. El aparato está a más de 70 metros por debajo del nivel del suelo en una caverna cercana a Saint Genis-Pouilly, un pequeño pueblo de Francia situado a pocos kilómetros de la frontera con Suiza.

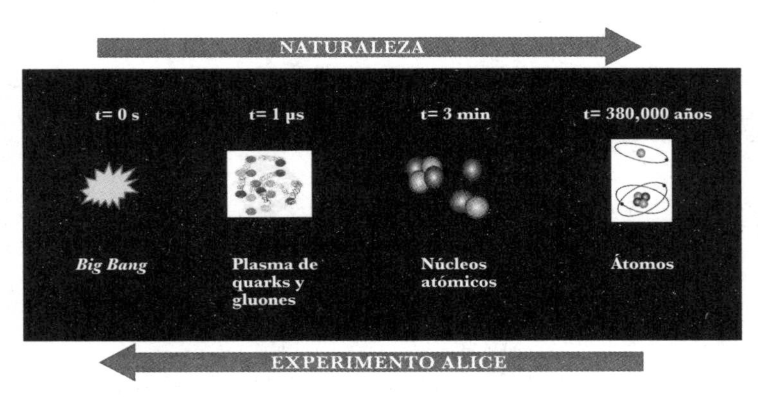

ALICE escudriña las propiedades del universo cuando éste tenía unos microsegundos de edad.

ALICE es uno de los tres grandes experimentos del Gran Colisionador de Hadrones. Su objetivo es viajar al pasado para ver con detalle cómo era el universo cuando tenía un microsegundo de edad.

El detector ALICE está formado por 16 sistemas de detección que, en conjunto, dan una buena idea de lo que se produce cuando los iones de plomo chocan en el punto de interacción. El diseño, la construcción y el mantenimiento de un aparato como éste involucran a investigadores de 30 países, de los cuales México forma parte. En nuestro país se construyeron dos de los detectores de ALICE: el detector de rayos cósmicos y el V0. Este último genera la señal de disparo de primer nivel

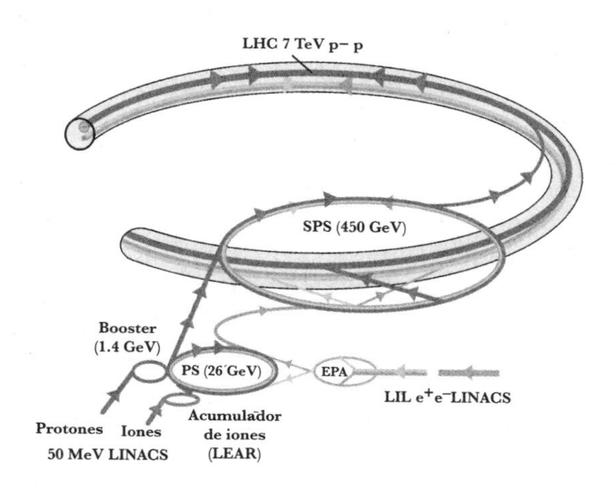

El Gran Colisionador de Hadrones (LCH, por sus siglas en inglés) acelera protones en direcciones opuestas y los hace chocar en los puntos donde se construyen detectores como ALICE para ver qué ocurre en la interacción. La aceleración de los protones y de los iones comienza en un acelerador lineal para luego ir a otros que van aumentado la energía. Fuente: © CERN.

y produce información sobre las colisiones que es utilizada posteriormente en el análisis de los eventos. Para el segundo periodo de toma de datos que va de 2015 a 2018, el equipo mexicano instaló un sistema más de detección. Este nuevo sistema, denominado AD (por sus siglas en inglés ALICE Diffractive), extenderá la física del experimento al estudio de eventos "difractivos" entre protones.

En 2009, el Gran Colisionador de Hadrones comenzó sus actividades acelerando protones. A lo largo de ese año produjo colisiones en el centro de los detectores y mejoró la calidad del haz. En noviembre del siguiente año dejó de acelerar protones y se preparó para la transición a iones de plomo. Las primeras colisiones de estos últimos se realizaron cuatro días después. Cerca de la medianoche del 7 de noviembre el monitor marcaba "condiciones estables", lo cual daba inicio a la toma de datos con el haz más pesado nunca antes visto, con la mayor carga eléctrica técnicamente posible y en la máquina más grande del mundo. La rapidez con que se logró pasar de protones a iones de plomo en el acelerador mostró el control de alta relojería que el departamento de aceleradores del CERN había alcanzado con el instrumento científico más imponente de todos los tiempos.

Los iones de plomo contienen 82 protones; al ser encauzados en campos electromagnéticos de la misma magnitud que los haces de protones, la energía que se obtiene es considerablemente mayor. En 2010, cuando los haces de protones habían llegado a 3.5 TeV de energía, los haces de plomo alcanzaron 287 TeV por haz.

De este modo el momento culminante de un largo proceso había llegado y la colaboración ALICE estaba preparada para recibirlo. Cuando el proyecto recién comenzaba en 2009, había sido la primera en difundir los resultados de sus observaciones de choques protón protón en una revista europea que publicó la parte inicial del programa Gran Colisionador de Hadrones. Esa primera publicación fue el resultado de analizar los datos registrados con dos de sus sistemas, uno de los cuales era el detector mexicano V0A.

Con el haz de iones, el experimento ALICE estudia, desde entonces, las condiciones del universo temprano. Durante el momento de la colisión toda la energía de los iones acelerados se deposita en un volumen microscópico donde se crea un plasma. Este plasma está formado por una sustancia exótica hecha de quarks y de gluones en condiciones extremas de densidad, temperatura y presión que se asemejan mucho a las que existían en el universo temprano. De este concentrado plasmático es que debió surgir todo lo que vemos a nuestro derredor. Esta es la linfa que dio origen al universo, la esencia del cosmos.

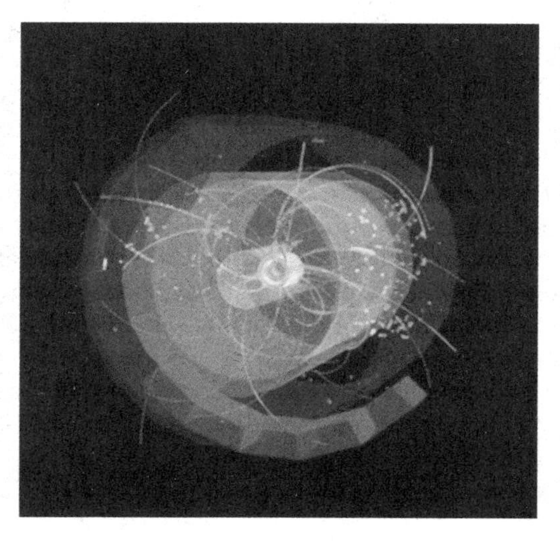

Evento de colisión de iones de plomo en ALICE. Fuente: © CERN.

La perfección de un líquido

Los quarks son los ladrillos fundamentales del universo. Se unen a través del gluón para construir los protones y los neutrones, que a su vez se juntan para formar los núcleos de los átomos. Cuando a los núcleos se les unen electrones, se crean átomos de diferentes elementos químicos que pueden conformar las moléculas que percibimos en el mundo macroscópico.

En experimentos previos realizados en el acelerador Relativistic Heavy Ion Collider (RHIC, por sus siglas en inglés) en Brookhaven, Estados Unidos, se había observado que al calentar la materia nuclear los quarks permanecen ligados formando un líquido. Se pensaba que este fluido desaparecería cuando el Gran Colisionador de Hadrones llevara la materia a temperaturas mayores. El experimento ALICE ha registrado temperaturas 40 por ciento mayores que la que se lograron con iones de oro en el laboratorio estadounidense, y el estado que se forma sigue siendo un líquido.

En 2012 el experimento ALICE logró una temperatura récord de 5.5 billones de grados centígrados; casi 350,000 veces mayor que la temperatura que existe en el centro del Sol y la más alta lograda por el hombre de manera controlada en el laboratorio. Pero no se trata sólo de una sopa caliente; el líquido creado en la colisión de iones de plomo es tan denso que una pequeña porción con un volumen del tamaño de la cabeza de un alfiler pesaría lo mismo que el acero de más de 100 torres Eiffel juntas. Curiosamente, este pesado líquido tiene una viscosidad extremadamente baja, a la que los físicos llaman *líquido perfecto*.

Los líquidos viscosos como la miel presentan una fricción interna fuerte. El vidrio, por ejemplo, tiene una viscosidad miles de millones y billones de veces más grande que la miel. En la dirección opuesta, hay líquidos que fluyen con gran facilidad. El agua es 10,000 veces menos viscosa que la miel, pero es un mucilago si lo comparamos con el helio súper fluido que es utilizado en el Gran Colisionador de Hadrones para enfriar los magnetos.

El helio súper fluido se obtiene a los -271 grados centígrados. Cuando el helio es enfriado al grado en que se convierte en súper fluido, corre tan fácilmente que repta por las paredes del recipiente que lo contiene desafiando la gravedad, incluso se puede colar entre las más delgadas grietas de centésimas de micra de espesor.

La mecánica cuántica y la teoría de cuerdas predicen un valor bajo para la razón de viscosidad a entropía de los líquidos perfectos. Sin embargo, el helio superfluido está muy por arriba de este límite.

Plasma que fluye

Para estudiar la naturaleza del plasma de quarks y gluones es necesario tener observables. Un buen observable es el transporte de la materia que lo constituye para inferir el estado del plasma.

Cuando dos núcleos de plomo chocan en el centro del detector ALICE, casi siempre lo hacen de tal manera que los centros de ambos están ligeramente desplazados. A este tipo de reacción se le llama periférica, y la geometría almendrada de la reacción constituye una condición de inicio que se expandirá preferencialmente en la dirección donde la almendra es más delgada.

Mirando con cuidado la distribución y el movimiento de las partículas que se producen en la colisión, es posible inferir el estado de la materia que se formó en el centro del elipsoide. Esta distribución es diferente para líquidos y gases.

La distribución de las partículas en las colisiones periféricas es denominada flujo, el cual se lo puede caracterizar con la medición concreta de la asimetría azimutal de la reacción.

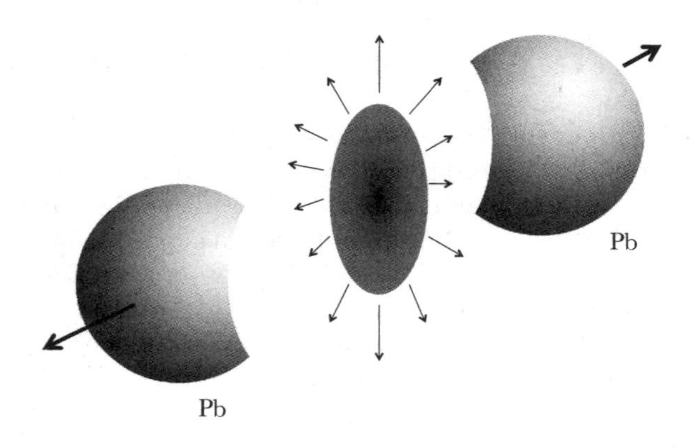

Choque periférico de dos iones de plomo. La zona de interacción tiene la forma de una almendra.

Las mediciones de ALICE muestran que la interacción entre gluones y quarks no es tan débil como para que el centro de la región que participa en la colisión se expanda como un gas. El acoplamiento fuerte de la sustancia produce una correlación entre los productos finales que conservan una distribución elíptica. A diferencia de lo que ocurriría en un gas, el momento de las partículas en el líquido perfecto depende mucho de la dirección de vuelo.

El producto inmediato de la reacción, conocido como *plasma de quarks y gluones*, se comporta como una gota de líquido que es muy bien descrito por las ecuaciones de fluidos.

No obstante, el flujo elíptico no es el único observable. Otras mediciones de ALICE pueden ser descritas con los modelos hidrodinámicos, dando una perspectiva más global de lo que está ocurriendo.

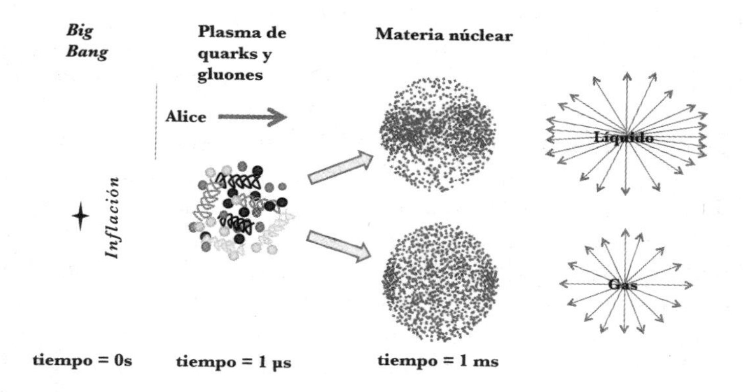

Simulacro del *Big Bang* en una colisión de iones pesados. Una vez producido el plasma de quarks y gluones, su evolución ocurre de manera tal que la distribución de los productos es "elíptica", lo que delata una naturaleza líquida del plasma.

Consecuencias de un universo líquido

Saber que, en sus primeros instantes, el universo era de naturaleza líquida nos ayuda a entender tanto las condiciones iniciales como las fluctuaciones cuánticas que dieron origen más tarde a la estructura universal y la estructura que determina su evolución. Sin embargo, la consecuencia más fascinante de lo observado en ALICE, cuando la materia es llevada a condiciones extremas, es el hecho de que podría ser la primera muestra de que vivimos en un mundo muy diferente del que vemos a nuestro derredor.

La pequeña gota de líquido creado en el centro del detector ALICE nos conduce de manera natural a la teoría de cuerdas con sus múltiples dimensiones y los agujeros negros que incorpora en sus descripciones del universo.[1] Más aún: nos lleva

[1] Juan Maldacena, "The Illusion of Gravity", p. 56.

ante la posibilidad insospechada de que podríamos comenzar a percibir los efectos previstos por esta teoría en el laboratorio.

Para la teoría de cuerdas, todas las partículas que hoy vemos como elementales no son sino vibraciones de una pequeña cuerda.[2] Si los protones son del tamaño de un fermi (10^{-15} metros), un quark es menor a 10^{-19} metros, y la cuerda que los forma será del orden de 10^{-35} metros; es decir, las cuerdas son inalcanzables. En este aspecto inaprensible de la teoría de cuerdas están las trincheras de sus detractores. Las cuerdas son tan pequeñas que el átomo es enorme comparado con ellas. De hecho, el átomo es tan grande ante la cuerda como el universo entero es ante los átomos. Según la teoría, estos pequeños cordeles están vibrando y los diferentes modos de vibración corresponden a los distintos tipos de partículas.

Otro aspecto intrigante de la teoría de cuerdas es que predice la existencia de más dimensiones. La posibilidad de construir teorías cuánticas consistentes hace necesaria la introducción de un espacio-tiempo con más dimensiones de las que aparentemente habitamos. El número de dimensiones preciso que necesita la teoría está dado por la necesidad de cancelar el rompimiento anómalo de una simetría importante, conocida como simetría conforme. Para la primera versión de la teoría de cuerdas bosónicas, las dimensiones espaciales deben ser 26, mientras que para las teorías de súper cuerdas, su versión más reciente, es de 10 dimensiones espaciales. Aunque no deja de ser una conspiración poco aceptable para los críticos de la teoría de cuerdas, el embrollo se puede resolver enredando las dimensiones en escalas muy pequeñas para explicar por qué estas dimensiones no aparecen en nuestras vidas.

No es la primera vez que los físicos recurren a este tipo de artificios. Incluso los más conservadores de nuestros colegas teóricos recuerdan que ya en 1919 el matemático alemán

---

[2] George Musser, *The Complete Idiot's Guide to String Theory.*

Theodor Kaluza advirtió que era posible unificar el electromagnetismo con la gravitación, si incorporamos una quinta dimensión en las ecuaciones. Pocos años después, en 1926, Oskar Klein explicó por qué no observamos la quinta dimensión en nuestra vida cotidiana.

En aquel entonces, las ideas de Kaluza y Klein resultaban tan sugerentes, que mucha gente se puso a trabajar en ellas para ver si revisadas en detalle describirían nuestro mundo. Albert Einstein, Kaluza, Klein y muchos otros se ocuparon en eso. Después de varios años de investigación, la gente se decepcionó debido a que en esta descripción no se podían entender muchos otros aspectos de la naturaleza.

La teoría de cuerdas revive aquellas primeras ideas por una necesidad de consistencia, lo que la hace aún más interesante. En 1997, Juan Maldacena, físico teórico argentino, inició una revolución en la teoría al proponer una relación entre teorías que aparentemente no tenían ningún vínculo.[3] Una de las dos teorías es parecida a nuestra muy familiar cromodinámica cuántica que usamo en las cuatro dimensiones de nuestra realidad, para describir el mundo de los quarks y los gluones que precisamente forman al plasma del que hemos venido hablando. Por su parte, la otra es una teoría de cuerdas que habita un espacio de cinco dimensiones y que describe la gravedad. Este espacio es llamado anti-De-Sitter, en memoria de Willem de Sitter, matemático holandés, quien trabajó con Albert Einstein en la posible existencia de objetos que no emitan luz, actualmente conocidos como agujeros negros.

De Sitter también propuso un universo esférico sin materia, identificado como universo De-Sitter. En la actualidad decimos anti-De-Sitter para referirnos a un universo con la misma curvatura que el esférico de De Sitter, pero negativa. El espacio

---

[3] Panos Charitos, "Interview with Juan Maldacena".

anti-De-Sitter es, pues, un universo abierto con geometría hiperbólica.

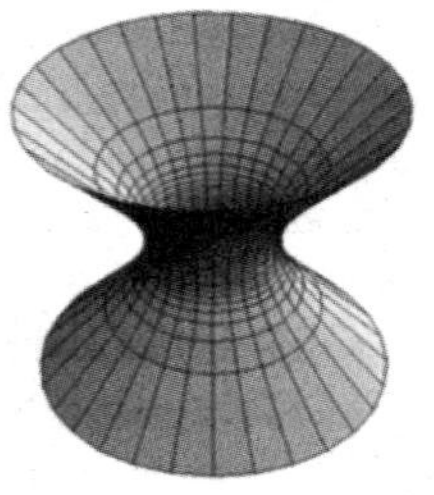

Espacio anti-De-Sitter en dos dimensiones. El referido en el texto es un espacio anti-De-Sitter en cuatro dimensiones espaciales y una temporal que no podríamos dibujar.

De manera asombrosa, cuando las partículas de nuestro mundo en cuatro dimensiones interaccionan fuertemente entre sí, como lo hacen los quarks y gluones, el equivalente de la teoría de cuerdas multidimensional se simplifica y se puede resolver de manera exacta.

Lo que ocurre en este espacio de cinco dimensiones se relaciona con la fenomenología del plasma. Así, por ejemplo, el movimiento del extremo de una cuerda en el interior de este espacio corresponde a la propagación de un quark por el plasma. La propagación del quark puede ser medida y la medición puede ser entonces comparada con el movimiento de la cuerda en el espacio anti-De-Sitter.

El equilibrio térmico del plasma está conectado con la aparición de un agujero negro en este espacio de curvatura negativa. El *jet quenching* o "extinción de jets", que se ha observado en los experimentos ATLAS y CMS del Gran Colisionador de Hadrones —en eventos con sólo un chorro de partículas— corresponde a la caída de la cuerda en este agujero negro.

Si esta conjetura es real, entonces, nuestro universo existe en dos formas equivalentes. Si la dualidad se verifica, implicaría

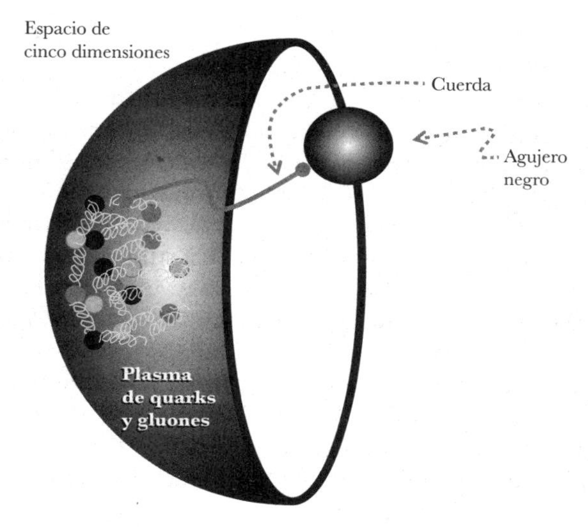

El movimiento de una cuerda en el espacio anti-De-Sitter de cinco dimensiones con un agujero negro corresponde al movimiento de un quark en el plasma de quarks y gluones.

que nuestras experiencias aquí están estrechamente ligadas con una realidad distante de un mundo matemático paralelo de más dimensiones. Los fenómenos de estos universos paralelos estarían tan íntimamente unidos como lo estamos nosotros a nuestra propia sombra.

Cuando los iones de plomo se encuentran aparece un agujero negro y, por un instante, podemos ver un universo equivalente cifrado en el líquido que se genera. Así, en el movimiento de cada quark de la mezcla primordial, podemos percibir una quinta dimensión. Podemos ver a la gravedad en un mundo cuántico como una ilusión impresa en el holograma que es el plasma que dio origen al universo. De manera que el prístino líquido observado en el experimento ALICE podría ser la primera mirada a un mundo nuevo.

El plasma de quarks y gluones parece surgir de la colisión de iones pesados que se producen en el Gran Colisionador de Hadrones. El experimento ALICE observa cuidadosamente sus propiedades, pero aún falta mucho por estudiar y entender.

"Un centímetro cúbico de esta materia pesaría 40,000 millones de toneladas" y no obstante, esta singular sustancia se comporta como un líquido.[4] Nunca antes vimos algo tan denso en nuestro planeta y nunca antes estuvimos tan cerca del *Big Bang*.

Esta sustancia extraordinaria debe ser la primera materia que apareció en el universo. Antes era radiación y lo hubiera seguido siendo. El universo hubiera quedado como un destello luminoso para siempre o, quizá, hubiera desaparecido justo después de nacer, sin dejar huellas, en la eternidad sin nada.

Fue la condensación fortuita de un campo cuántico lo que cambió su destino. Un instante después del *Big Bang* nuestro universo experimentó la más inusitada expansión. Esta inflación cósmica se detuvo en la formación del plasma que conduciría hasta nosotros. La inflación cósmica es el momento decisivo entre el ser y la nada.

[4] Ker Than, "Densest Matter Created in the Big Bang Machine".

7. El universo inflacionario: a tan sólo un instante del *Big Bang*

Inflación cósmica

De acuerdo con el modelo cosmológico actual, durante los primeros instantes del universo, su diámetro se incrementó en un factor de 10^{25} o más,[1] a este periodo de súbito crecimiento se le conoce como inflación cósmica.

Cuando el universo nació en la Gran Explosión su densidad era colosal, por lo que pudo suceder que los campos gravitacionales lo transformaran en un agujero negro que se desintegrara de inmediato. Sin embargo, esto no ocurrió porque la inflación cósmica evitó la aniquilación inminente.

La teoría de la inflación cósmica fue propuesta en la década de los años ochenta del siglo XX, para resolver varios problemas y preguntas abiertas en el modelo de la Gran Explosión. Actualmente se considera como parte del modelo cosmológico estándar en la teoría del *Big Bang*.

[1] Alan Guth y Paul Steinhardt, "The Inflationary Universe", p. 34.

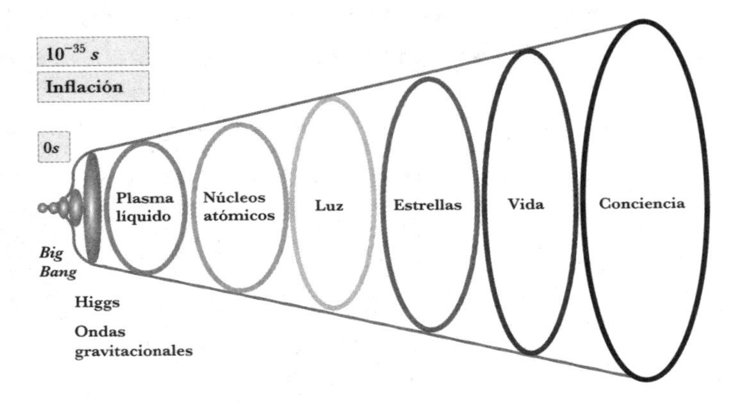

Inflación cósmica: momento crucial.

Antes de que se pensara en la inflación cosmológica, la teoría del *Big Bang* tenía tres problemas graves:

- Problema del universo plano. De acuerdo con las ideas del *Big Bang*, el espacio tiene una curvatura, sin embargo, las observaciones nos muestran un universo plano.

  Si viviéramos en un espacio bidimensional, como un balón de futbol, nos daríamos cuenta de que habitamos en un universo cerrado y curvo. Si el balón creciera al tamaño de nuestro planeta, el espacio ya nos parecería plano. Si ahora aumentamos el tamaño a escalas astronómicas nos parecería completamente plano, aun cuando en su origen es muy curvo.
- El problema del horizonte. Las regiones del espacio en direcciones opuestas del cielo están tan alejadas una de otra que si pensamos en el *Big Bang* como teoría cosmológica, no podemos explicar que estas regiones estuvieran en contacto en el pasado. Sin embargo, la medición de la radiación cósmica de fondo que vimos en el capítulo 4

nos muestra la misma temperatura en estas regiones distantes, lo cual demuestra que debieron de estar en contacto en el pasado.

- La cosmología del *Big Bang* predice la existencia de monopolos magnéticos que se produjeron en el universo temprano. Son partículas que llevan consigo sólo un polo, y no dos como los imanes que conocemos en los que aparecen siempre con un norte y un sur. No obstante, y contrario a la predicción del *Big Bang*, los monopolos magnéticos no han sido observados nunca.

La solución a estos problemas se obtuvo planteando un crecimiento exponencial del espacio-tiempo, cuando el universo apenas contaba sus primeros 10^{-35} segundos. Este crecimiento insólito estiró al espacio-tiempo a una escala que ahora nos hace verlo plano. Asmismo, esto explica que las regiones más apartadas estuvieran juntas en el pasado remoto y que llegaran hasta donde se encuentran ahora con la misma temperatura que ven nuestros satélites. Además, ante el crecimiento descomunal del espacio-tiempo, la densidad de monopolos cayó exponencialmente llevando la abundancia de estos objetos a niveles indetectables.

La idea de "inflación" resuelve los problemas de la teoría del *Big Bang*, al mismo tiempo que explica la formación de fluctuaciones cuánticas microscópicas que se expandieron rápidamente a escalas astronómicas durante la dilatación. Después de millones de años, las regiones de mayor densidad de materia se condensaron en estrellas y galaxias. Hoy la inflación cósmica forma parte del modelo cosmológico actual junto con la teoría del *Big Bang*.

Un hecho asombroso de la inflación cósmica es que debió transcurrir a una velocidad mayor que la de la luz. En sólo 10^{-35} segundos, el universo pasó de tener el tamaño miles de millones de veces menor al de un protón, a tener un radio de aproximadamente 10 cm. En comparación, la luz recorre 10 cm en un tercio de nanosegundo, es decir, en 0.3×10^{-9} segundos. Esto significa que la velocidad de la luz es muchos órdenes de magnitud menor que la velocidad con que ocurrió la dilatación del espacio tiempo en esa época. Esto es posible porque lo que se movía a una velocidad mayor que la de la luz era el espacio mismo.

Pero, ¿qué fue lo que causó tan repentina ampliación? ¿Cómo pudo ocurrir algo así? ¿Cómo un minúsculo ápice puede aumentar su tamaño tan vertiginosamente?

La propiedad crucial que hizo posible la inflación fue la existencia de campos físicos que se pudieron encontrar en un estado con densidad de energía alta. Todo esto puede sonar un poco abstracto, pero la idea de un campo no debería ser tan extraña para quien ha tenido en sus manos un par de imanes. Todo aquel que ha tratado de unir los polos opuestos ha sentido cómo hay algo entre ellos que evita que los pongamos juntos. Esa sensación es un campo y ese algo que modifica al espacio entre los polos genera una energía en el volumen que lo contiene. Por eso hablamos de densidad de energía del campo. Si esta densidad de energía es alta y no puede ser disminuida rápidamente, decimos que el campo se encuentra en un estado de "falso vacío".

Cuando decimos "vacío" nos referimos al estado de más baja densidad de energía, y cuando decimos "falso" queremos decir que se trata de un vacío temporal que después de un tiempo llegará a su estado de verdadero vacío.

El falso vacío surge de manera natural cuando existe un campo escalar. Los cosmólogos propusieron la existencia de un campo denominado inflatón, le atribuyeron naturaleza escalar, es decir: un campo que no tiene dirección ni sentido. Un campo escalar sólo tiene una magnitud numérica en cada punto del espacio tal como la distribución de temperaturas, la temperatura toma valores distintos en cada punto de una región del espacio, pero no tiene dirección ni sentido. En cambio, los vientos en un mapa meteorológico especifican una dirección, una magnitud y un sentido para denotar la orientación, la velocidad y la manera como se mueven en cada punto del espacio.

Un campo escalar de este tipo fue encontrado recientemente en el Organización Europea para la Investigación Nuclear (CERN, por sus siglas en francés: Conseil Européen pour la Recherche Nucléaire). El campo de Higgs es el primer campo escalar elemental observado como realidad física.

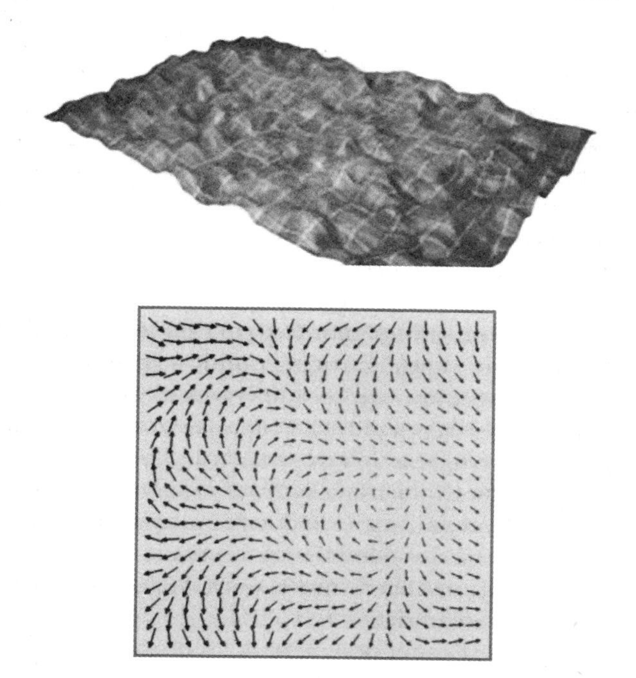

Campo escalar (arriba) queda especificado por un valor único en cada punto del espacio, al que llamamos su magnitud. El campo vectorial (abajo) se define por la magnitud, la dirección y el sentido.

Cuando el Centro Europeo de Investigaciones Nucleares anunció el descubrimiento del Higgs el 4 de julio de 2012, se estimó que la palabra *Higgs* aparecía en los boletines de noticias cada 72 segundos. Aun cuando la gente ajena al mundo académico entendía poco del asunto, la emoción de los físicos fue suficiente para contagiar y convertir el tema en conversación de elevadores, por lo menos, mientras llegaba el siguiente partido de futbol.

El Diccionario de la Real Academia Española diría que la palabra *higgsteria* se refiere al estado pasajero de excitación nerviosa producido por la súbita aparición de una partícula denominada Higgs, pero no lo hace. No hay una palabra tal en el diccionario. Y, si existiera, la concordancia sonora con *histeria* indicaría el comportamiento irracional de un grupo o multitud, producto de una alteración de ánimo derivada del Higgs. Ésta es la mejor manera de describir el fenómeno que puede leerse en títulos como: "La energía oscura puede ser hija del bosón de Higgs",[2] artículo donde se plantea la posibilidad de que exista un nuevo campo escalar que podría interaccionar con el Higgs a muy alta energía. Aunque este campo tenga energía cero, al acoplarse con el campo de Higgs adquiriría energía que explicaría a la misteriosa energía oscura. O bien: "Higgsogenesis",[3] artículo donde, además de explicar las masas de las partículas elementales, se encuentra que el Higgs podría ser el responsable de que el universo esté hecho de materia y no de antimateria.

El Higgs parece tener poderes con los que nunca habíamos soñado. Ahora es la base para explicar todo lo que aún nos falta comprender en la física moderna. La histeria colectiva le

[2] Lisa Grossman, "Dark Energy Could Be the Offspring of the Higgs Boson".

[3] Sean Tulin y Geraldine Servant, "Higgsogenesis".

ha otorgado a "la partícula de Dios" la categoría de remedio de todos los males. Sin embargo, y aunque los ataques convulsivos de paroxismo son pasajeros, en medio de la exaltación, no está mal acotar el descubrimiento y subrayar las cualidades de la nueva partícula Higgs. En ese sentido, creo que, entre los atributos indiscutibles y las consecuencias medulares del descubrimiento, existen dos vertientes de gran relevancia: la que se debe al mecanismo mediante el cual las partículas de materia y las partículas de fuerza adquieren masa, y la que parece ser una fascinante posibilidad de que el Higgs sea el protagonista principal de la inflación en el universo temprano.

La primera de las facetas del Higgs es ampliamente aceptada. La idea de que esta partícula subyace al mecanismo responsable de la masa, fue la propuesta original de Peter Higgs, François Englert, Robert Brout y otros.

En la naturaleza hay campos de materia manifestados como partículas, hoy sabemos que existen doce partículas elementales, de las cuales seis son quarks y seis, leptones. Dichas partículas interaccionan mediante tres campos —llamados campos de fuerza— para formar estructuras más complejas como los protones o neutrones que constituyen los núcleos de los átomos. Los campos de fuerza representan las interacciones conocidas en el mundo microscópico: fuerza electromagnética, fuerza débil y fuerza fuerte. En esta descripción, el campo gravitacional no juega ningún papel ni deja sentir sus efectos entre las partículas elementales.

Además de los campos de materia y de los campos de fuerza que conforman lo que nos rodea, existe un campo que lo permea todo y que está presente en el vacío. Sin él, la materia ordinaria de la que estamos hechos no existiría. El campo de Higgs a su vez interacciona con los campos de materia y con los campos de fuerza para dar masa a las partículas que la tienen y dejar sin ella a las que viajan a la velocidad de la luz. Este campo habita en el vacío.

Para la física moderna, el vacío no es la nada, como se podría pensar. El vacío está lleno de Higgs, y como todo se mueve en el vacío, todo atraviesa esta sustancia. Las propiedades del vacío son las que determinan el comportamiento de las cosas. No obstante, decir que el vacío tiene propiedades físicas es decir mucho. Esta aseveración es tan radical, que cala muy hondo en nuestra visión del universo. Recientemente, la observación del Higgs confirma esta visión, lo cual, sin duda, es el aspecto más importante del descubrimiento.

En segunda instancia, se especula que el Higgs tal vez sea el campo que hizo posible la inflación cósmica. Este planteamiento será difícil de establecer con certeza, pero es una consecuencia muy interesante de la naturaleza del Higgs como campo escalar. Este hecho lo hace muy atractivo, pues lo pone en un papel tan crucial como el de estabilizar el universo en que vivimos cuando éste surgió de una fluctuación del vacío.

En la actualidad pensamos que las fluctuaciones de la nada que dieron origen a nuestro mundo debieron ocurrir en un proceso de creación y aniquilación continuo, sin mayores consecuencias. La aparición y desaparición de universos es parte de una frenética actividad en el vacío que, la mayoría de las veces, no desemboca en nada. La naturaleza cuántica de las cosas es la responsable de que, en la afortunada ocasión que nos ocupa, la chispa original sufriera una transformación germinal, la inflación cósmica.

Cuando el universo nació hace trece 13,800 millones de años las partículas sin masa se movían a la velocidad de la luz. El universo era un resplandor de partículas lumínicas incapaces de formar estructuras. Cuando apenas habían transcurrido 10^{-35} segundos (es decir, un punto seguido de 34 ceros con un uno al final), ocurrió algo inusitado: el universo creció de manera descomunal. Pasó del tamaño que era miles de millones de veces menor al tamaño de un protón, hasta alcanzar las dimensiones de una naranja. Este fenómeno, conocido como inflación, se desarrolló en un tiempo inimaginablemente corto:

10^{-35} segundos (i. e. un punto seguido de 34 ceros con un "uno" al final de la larga serie).

¿Por qué la inflación cósmica es de fundamental importancia? Gracias a este repentino crecimiento el universo se estabilizó y dio lugar a alteraciones que habrían de perdurar, originando más tarde estructuras gigantescas como las galaxias. La inflación es el origen mismo del universo. La diminuta chispa de luz que había surgido de la nada hubiera desaparecido en seguida, de no ser por la inmediata dilatación del espacio y del tiempo. ¿Cómo ocurrió algo así? ¿Cómo un minúsculo ápice aumentó su tamaño vertiginosamente?

Uno aprende en la escuela que la energía es la capacidad para realizar trabajo. Para que el universo no se contrajera, al comienzo, bajo la influencia de las fuerzas que surgieron con él, fue necesario que existiera un estado de energía diferente de cero, lo que llamamos un falso vacío. Esta energía del falso vacío produjo una presión negativa que infló el universo. El campo de Higgs es, probablemente, el responsable de estos acontecimientos. Siendo un campo escalar, el campo de Higgs tiene la peculiaridad de que toma un valor diferente de cero cuando el campo es cero. Se puede ver el diagrama de energía en la figura de la página siguiente. La densidad de energía de un campo así se anula cuando el campo presenta un valor diferente de cero. Si la parte central de la curva de energía, es decir, el falso vacío, es lo suficientemente plano, podría tomar un tiempo para que un objeto en ese estado resbale hasta el verdadero vacío. Éste se trata de un equilibrio metaestable, es decir, un estado de equilibrio débil que bajo la acción de alguna perturbación mínima evoluciona buscando el equilibrio estable.

La propiedad central del falso vacío consiste en que para un sistema que se encuentre en ese estado —por ejemplo, nuestro universo temprano—, el incremento de volumen repentino deja a la densidad de energía sin cambio. De este hecho se deriva que la presión que ejerce el falso vacío en el sistema sea negativa. El efecto de las presiones debidas a densidad de energía crea campos gravitacionales; las presiones positivas crean campos gravitacionales atractivos, mientras que las presiones negativas crean campos gravitacionales repulsivos. De esta manera, la presión negativa del falso vacío creó un campo opuesto al gravitacional atractivo, provocando la inflación del espacio-tiempo.

Finalmente, el falso vacío decayó al verdadero vacío y, al hacerlo, liberó toda la energía contenida en la densidad del estado metaestable que debió ser del orden de $10^{93}\,\mathrm{J}/_{\mathrm{m}}{}^{3}$, es decir, 10^{58} veces la densidad de energía de un núcleo atómico. Esta energía produjo una sopa caliente de partículas, un plasma de quarks y gluones, punto central del capítulo anterior.

La inflación proporciona el mecanismo mediante el cual el universo se pudo desarrollar a partir de unos cuantos gramos

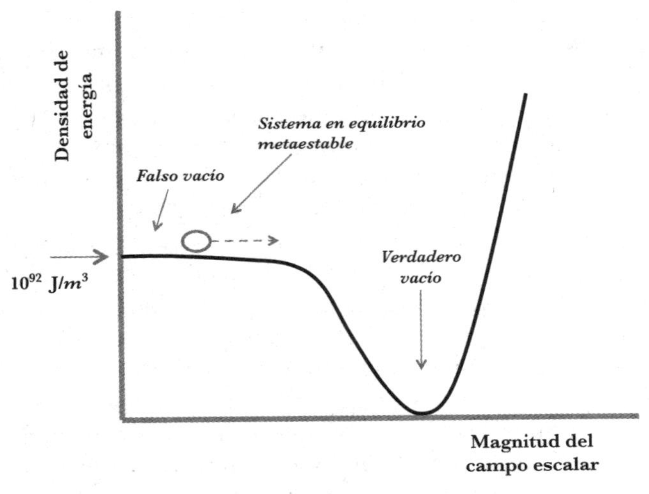

Campo escalar que debió existir en el universo temprano. La densidad de energía se anula cuando el campo es diferente de cero. Nuestro universo se encontraba en falso vacío y demoró unos instantes para alcanzar el verdadero vacío, lo que provocó una dramática expansión del espacio-tiempo.

de materia primordial, oponiéndose de manera contundente a la antigua y muy repetida sentencia: "nada puede ser creado de la nada". Si las ideas detrás de la teoría de inflación cósmica son correctas, podemos decir que "todo puede ser creado de la nada".

Los cosmólogos han pensado que este campo escalar, fundamento de la inflación cósmica, pudo dejar de existir en las primeras etapas del universo. Pero esto podría no ser así.

Tomo la siguiente analogía del artículo "The Inflationary Universe", de Alan Guth y Paul Steinhardt:[4]

Imagina que el universo temprano —justo después del *Big Bang*— era un cilindro como se muestra en la figura siguiente. Imagina, además, que se encontraba en un estado de falso vacío, es decir, con densidad de energía diferente de cero. Recuerda que este estado era metaestable y que la curva que lo describe es muy plana.

En estas circunstancias, la energía del universo era: $E_{universo} = E_f V$ es decir, la densidad de energía E_f, multiplicada por el volumen del universo en ese momento.

Ahora supongamos que el cilindro es jalado repentinamente hacia afuera, incrementando el volumen del cilindro en una cantidad ΔV. Si lo que está dentro del cilindro fuera una sustancia normal, la densidad de energía disminuiría, pues el aumento en el volumen de cualquier sustancia hace que la densidad de esa sustancia disminuya. Sin embargo, en el caso del falso vacío no es así por el hecho de que, en este estado, el sistema se demora en bajar la densidad de energía. La curva de densidad es plana y el sistema se mueve

[4] En: Paul Davies (ed.), *The New Physics*.

en ella sin poder bajar la densidad con rapidez. Si el volumen aumenta y la densidad de energía permanece constante, simplemente la energía del universo aumenta. Pero ¡alto!, la energía se conserva, así que la energía necesaria para mover el pistón hacia afuera debería ser suministrada por algún agente. Esto implica que el falso vacío ejerce una presión de succión, es decir, una presión negativa.

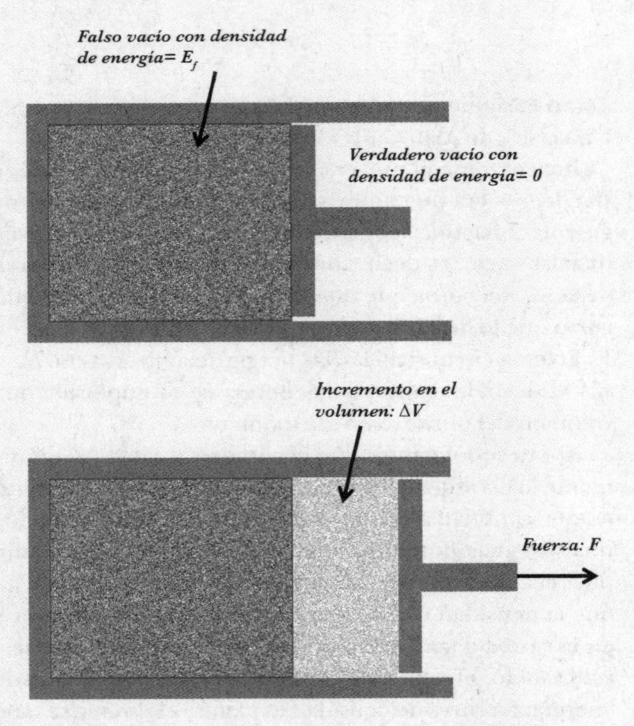

Modelo de juguete del universo temprano. Arriba: el pistón cilíndrico encierra un estado de falso vacío. Abajo: expansión por la presión que ejerce el falso vacío.

El cambio en la energía del universo es: $\Delta E_{universo} = E_f \Delta V$ que debe ser igual al trabajo realizado: *Trabajo* = –*presión* x ΔV, es decir que: –*presión* x $\Delta V = E_f \Delta V$; de tal manera que la presión del falso vacío es: *presión* = $-E_f$

La presión negativa del falso vacío es extremadamente grande, supera por mucho a la presión positiva que ejerce la fuerza gravitacional en la dirección contraria, es decir, en la dirección de colapso. Esta presión negativa del falso vacío genera una fuerza repulsiva que expandirá al sistema de manera abrupta.

El Higgs parece tener todas las características del campo inflatón que parecía ya extinto y que está detrás de la inflación. Sin embargo, no es fácil comprobar que el Higgs es el responsable de la inflación cósmica; se trata de arqueología cuántica del universo y se trata de un fenómeno difícil de entender en el marco actual de ideas. La hipótesis se podrá establecer cuando tengamos una teoría capaz de describir el mundo microscópico y el mundo macroscópico en un solo esquema. En la actualidad, lo microscópico y lo macroscópico se explican mediante dos teorías separadas: la mecánica cuántica y la teoría general de gravitación respectivamente.

Cuando desarrollemos una teoría cuántica de la gravitación, quizá podremos ver con más claridad el papel que pudo haber jugado el Higgs en el universo temprano. Por ahora, el hecho de contar con un campo escalar como el Higgs en el inventario de lo posible, es un fuerte apoyo a la idea de un inflatón como responsable de la inflación cósmica.

Además de las dos caras que presenta el Higgs, la de campo que genera la masa de las partículas y el campo escalar detrás de la inflación cósmica, alrededor de su descubrimiento existen muchos aspectos profundos que suscitan la meditación.

Uno de ellos pasa inadvertido porque ha llegado a ser común en la física, me refiero al carácter matemático de la naturaleza. No deja de ser admirable que un sutil mecanismo matemático de rompimiento de simetría en las ecuaciones que gobiernan el mundo microscópico tenga una realidad física.

Otro es el hecho contradictorio, quizá, y al mismo tiempo complementario de lo que es la esencia en el modelo estándar que describe la estructura del universo, a saber, la simetría y el rompimiento de ésta. En la formulación que tenemos se busca la conservación de la simetría de las ecuaciones. El mecanismo de Higgs cumple con esa conservación y, no obstante, es cuando se rompe la simetría —la misma que se buscó conservar— que las partículas adquieren una resistencia al movimiento. Este hecho paradójico de simetría y rompimiento es fascinante. La oposición de conceptos no es nada nuevo en la filosofía, pero sí es muy significativo el nivel que ha alcanzado en la física moderna con el descubrimiento del Higgs.

En la teoría de relatividad general es posible tener agujeros de gusano que conectan diferentes partes del espacio-tiempo. Con tales agujeros uno podría viajar y conectarse a diferentes sitios del espacio y del tiempo. A través de ellos sería posible viajar en el tiempo e incluso detenerlo. El problema con estos agujeros, como deformaciones del espacio-tiempo viables, es que requieren de presiones negativas muy grandes para ser creados y para mantener una cierta estabilidad. La relatividad general no ofrece posibles fuentes de energía negativa, pero la mecánica cuántica sí. El Higgs es un ejemplo de campo cuántico cuya energía en el estado más bajo es negativa.

Uno podría crear agujeros de gusano a escala subatómica como fluctuaciones cuánticas y después agrandar uno de ellos a la escala humana, usando un campo similar al campo de Higgs, el que probablemente fue responsable de estirar el universo durante la inflación. Es cierto que un agujero de gusano útil requeriría de una cantidad de energía negativa poco realista; la masa necesaria para hacer un agujero de gusano lo suficientemente ancho para que pueda ser transitado confortablemente por un ser humano sería de 10,000 veces la masa del Sol.[5]

Y es que una propiedad interesante de los agujeros de gusano es que el tiempo no transcurre en la entrada del mismo.Los viajes en el tiempo siempre han preocupado a los físicos. Uno de los temas constantes en estas disquisiciones es la aparición de paradojas. Entre las más populares se encuentra "la paradoja del abuelo", en la que se plantea el viaje de un físico experimental al pasado. El físico podría estar más interesado en la investigación que en algunas de las consecuencias de su proyecto, de tal manera que al viajar al pasado querría matar a su abuelo. Por supuesto, este acto sería reprobable y no alcanza justificación en el legítimo interés de saber. El punto central radica en que si su propio abuelo muere antes de que nazca su padre, la existencia misma del ejecutor se imposibilita, lo cual representa un problema lógico. ¿Cómo pudo viajar atrás en el tiempo y matar a su abuelo, si él mismo no ha nacido?

Esta aparente contradicción no representa una paradoja real, sólo llama la atención al problema del libre albedrío. No tenemos por qué pensar que si viajamos al pasado podremos hacer todo lo que queramos, como eliminar al abuelo. Bien podría ser que algo nos impida hacerlo. Al viajar al pasado bien podría ocurrir que quedemos atrapados

---

[5] George Musser, *The Complete Idiots Guide to String Theory*, p. 130.

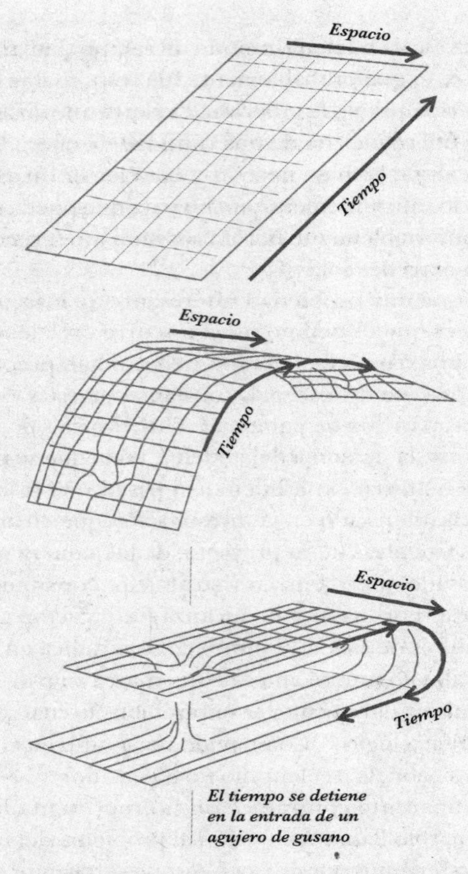

Los agujeros de gusano se obtienen deformando el espacio-tiempo hasta conectar dos puntos muy distantes. Arriba vemos el espacio-tiempo tal como lo experimentamos normalmente. En medio, vemos que el espacio-tiempo se empieza a deformar por el efecto de un campo escalar que produce una presión negativa. Abajo se puede observar el espacio-tiempo completamente deformado, lo que permite viajes en el tiempo.

en la trama del momento, impedidos de lograr nuestros planes antes de salir de viaje. La fuente del problema no es, pues, el viaje al pasado, sino la noción de que tenemos *el control* completo de nuestra vida y destino. Los físicos sabemos muy bien que los seres humanos no somos los arquitectos de nuestro propio destino, porque no podemos hacer nada que viole las leyes de la física.

Entonces, por lo menos la "paradoja del abuelo", asociada a la existencia de agujeros de gusano, no es un impedimento para viajar en el tiempo. Ahora con la primera medición de un campo escalar fundamental como el Higgs, la posibilidad de que exista otro que puede ser invocado es imaginable.

¿Ondas gravitacionales de la inflación cósmica?

En marzo de 2014, la colaboración Backgound Imaging of Cosmic Extragalactic Polarization (BICEP2, por sus siglas en inglés) anunció que había evidencia directa de que la inflación cósmica en realidad ocurrió. Poco tiempo después, se puso en duda los resultados cuando se planteó la posibilidad de efectos diferentes que podrían contaminar el análisis de los datos. Otros experimentos no lograron confirmar el efecto, y lo que pudo ser la observación más importante de todos los tiempos se esfumó rápidamente. La metodología, sin embargo, es muy interesante y continuará siendo utilizada para buscar señales de la inflación cósmica.

La colaboración BICEP mantiene un telescopio instalado en el Polo Sur con el que observa el cielo para medir la radiación cósmica de fondo de que hablamos en el capítulo 4.

La luz que se liberó durante el proceso de recombinación y que ahora llega hasta nosotros con una temperatura de 2.7 grados Kelvin, debe haber sido afectada por las ondas gravitacionales generadas durante la inflación del universo. Las ondas gravitacionales comprimen el espacio-tiempo a lo largo de su viaje, afectando una de las propiedades de esta luz primigenia que es su polarización.

El crecimiento tan rápido del espacio-tiempo, por medio de la inflación, originó distorsiones en él, que luego fueron dilatadas por la expansión del universo que siguió más adelante. Al final de la inflación, estas distorsiones generaron grumos de materia con energía cinética, proceso que se le conoce como "recalentado". La conversión de energía en materia dio lugar a violentas ondas que deformaron el espacio-tiempo.

La materia viajaba a enormes velocidades y chocaba entre sí, fragmentándose y expandiéndose por el espacio que, por su parte, se comportaba como un fluido en turbulencia. En el breve instante en que todo se desarrolló, el sistema alcanzó el equilibrio térmico, es decir, la misma temperatura en todas partes.

El modelo de la inflación cósmica propone dos etapas en las que se generaron ondas gravitacionales: una durante el periodo de rápida expansión del espacio y otra en la etapa de recalentamiento. Ambos tipos de ondas gravitacionales se diferencian tanto por la amplitud o intensidad, como por su frecuencia. Las ondas provenientes de la brutal dilatación del espacio, es decir, de la inflación misma, deben haber dejado su huella en la polarización de los fotones que forman parte del ruido cósmico de fondo.

Las ondas gravitacionales provenientes del recalentamiento tienen menos energía y podrían, quizá un día, ser medidas en las "antenas gravitacionales" que ahora son construidas con ese fin. El efecto de ondas gravitacionales en la polarización de la radiación cósmica de fondo representaría, en su caso, la observación del fenómeno más antiguo que existe en el universo. Estas ondas se generaron cuando el universo tenía 10^{-35} segundos y traen consigo información del momento en que se produjeron. Por supuesto que la ausencia de estos efectos deberá ser considerado seriamente al revisar las ideas.

Las ondas gravitacionales inflacionarias con longitudes de onda mayor deberán ser las más intensas, pero esto depende de la velocidad con que se dilató el universo durante la inflación. Los detectores que buscan desde hace tiempo señales de ondas gravitacionales son sensibles a longitudes de onda de entre 30 y 30,000 kilómetros. Actualmente existen proyectos para medir ondas gravitacionales que se pudieron haber generado en otros procesos como agujeros negros o estrellas binarias, pero las ondas gravitacionales inflacionarias son muy débiles para producir señales en estos dispositivos.

Por fortuna, la naturaleza no ofrece un plasma primordial como del que hablamos en el capítulo anterior. Este plasma primordial existió un microsegundo después del *Big Bang*, mucho después de la inflación. Las ondas gravitacionales que se habían originado durante la inflación comprimieron y dilataron el plasma de quarks y gluones. Éste se enfrió hadronizándose para producir núcleos atómicos y luego átomos, con lo que se liberó la radiación cósmica de fondo.

En el momento en que se emitía la radiación cósmica de fondo había regiones del espacio que estaban siendo estiradas por el paso de una onda gravitacional, mientras que otras regiones quizá eran comprimidas afectando a la luz que ahora observamos en los telescopios como BICEP. Los cálculos demuestran que la luz sujeta a estas deformaciones del espacio creó modos B de polarización, que han sido buscados por mucho tiempo.

Para entender lo anterior, debemos recordar que la luz es oscilaciones de campos eléctricos y magnéticos que viajan con orientación aleatoria. Uno puede hacer pasar la luz por una rejilla fina que permita sólo la propagación del componente vertical de los campos. De otra manera, la luz tendrá un componente inclinado parcialmente vertical y horizontal. Después de la rejilla, la luz estará polarizada en la dirección que la rejilla permita el paso.

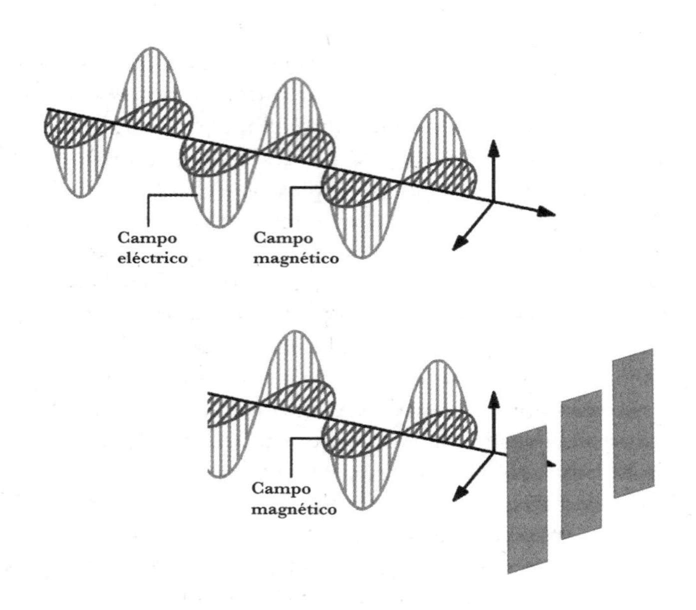

La luz se polariza al pasar por una rejilla que únicamente permite el paso de las oscilaciones de los campos en una dirección dada.

Cuando la luz llega a un electrón libre en el plasma, éste comienza a oscilar en la dirección en la que el campo eléctrico que forma a la onda electromagnética está cambiando. El electrón en movimiento oscilatorio emitirá radiación en la dirección perpendicular a la dirección en que se mueve la luz incidente. La luz que emite el electrón vibrante está polarizada en la dirección del plano de su movimiento. Sin embargo, la luz que forma a la radiación cósmica de fondo llega de todas direcciones a los electrones del plasma y éstos vibran en todos los planos, de tal manera que la luz dispersada no presenta ninguna polarización promedio. Si la luz fuera más intensa en una dirección determinada, entonces sí se generaría una polarización neta.

Las ondas de gravedad que provenían de la inflación cósmica pudieron haber estirado y comprimido el plasma primordial a lo largo de dos ejes perpendiculares entre sí. Esta deformación del espacio modificó las longitudes de onda de la luz produciendo mayor brillo en una dirección que en otra, lo que provocó una polarización de la luz.

Si, por ejemplo, el espacio se comprimiera en la dirección vertical, los fotones se aproximarían unos con otros en esa orientación, mientras que en la dirección horizontal se distanciarán por efecto de la dilatación del espacio. Esto conduce a una mayor intensidad que incide sobre los electrones del plasma en una dirección, lo que produciría luz polarizada.

Ahora bien, existe otro mecanismo que no es la inflación cósmica y que puede producir una polarización en la luz del fondo de microondas. Este mecanismo es conocido como "flujo masivo del plasma" y consiste en que, si el plasma fluye en dirección radial hacia un punto, producirá diferencias en las velocidades de las partículas que lo forman. Estas diferencias de velocidad generan velocidades relativas que harán que los electrones vean luz más brillante en una dirección que en otra. Así, la radiación dispersada por el electrón aparecerá polarizada. ¿Cómo distinguir la polarización producida por las ondas gravitacionales de la que es producida por los flujos masivos del plasma? Pues bien, la diferencia está en el patrón de polarización. Los modos de polarización que no cambian cuando son observados en un espejo se denominan modos "E", mientras que los modos que sí cambian al reflejarse en un espejo se denominan modos "B".

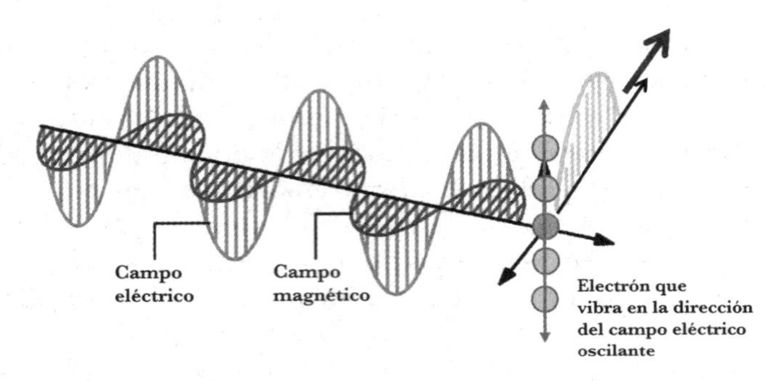

Generación de radiación polarizada por la dispersión de fotones en electrones libres. La oscilación del campo eléctrico de la onda electromagnética hace oscilar a un electrón. El electrón emitirá radiación polarizada en el plano del movimiento. Así se produce luz polarizada independientemente de que la luz original lo estuviera.

Resulta que los flujos masivos de plasma no generan modos "B" de polarización. Por el contrario, las ondas gravitacionales crean modos "E" y modos "B" con la misma eficiencia. De tal manera que se puede distinguir entre las fuentes de polarización cuantificando la señales de modos "E" y modos "B". Según los cálculos, los movimientos en el plasma producen una polarización más intensa que la que proviene de las ondas gravitacionales, y en la práctica es muy difícil separar las señales de modo "E" de las de modo "B".

En marzo de 2013, la misión Planck publicó sus primeros resultados de la radiación cósmica de fondo, en los que trató de medir la polarización de la luz. En cambio, la colaboración BICEP ha publicado sus resultados de polarización después de observar una pequeña fracción del cielo desde la Tierra por tres años. La región es de 380 grados cuadrados, que representan el uno por ciento del cielo. Es una región muy pequeña, si consideramos que la misión Planck observa el firmamento completo.

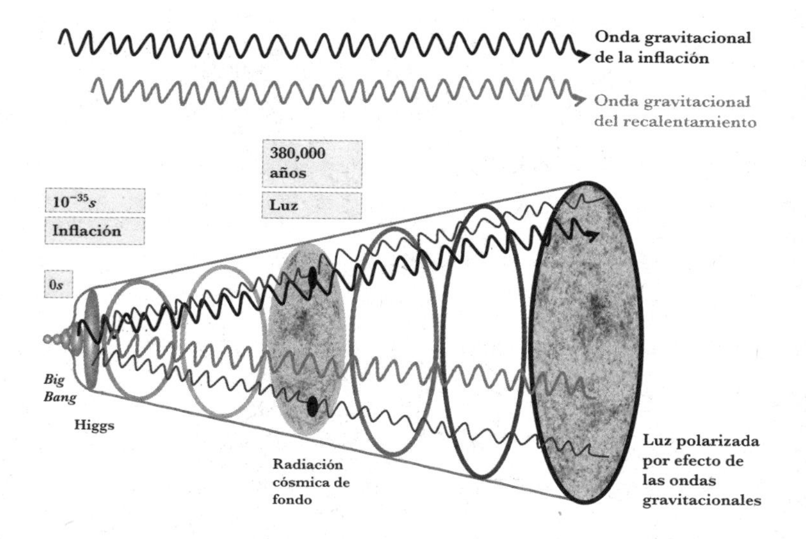

Durante la inflación se generaron ondas gravitacionales que deformaron el espacio-tiempo induciendo cambios en la polarización de la luz. La luz, que fue liberada 380,000 años más tarde, y que hoy vemos como radiación cósmica de fondo, debió ser afectada por las ondas gravitacionales.

BICEP es 30 veces más sensible. El telescopio está ubicado en la Estación Amundsen Scott en la Antártida, —nombre en honor a Roald Amundsen, noruego que alcanzó el Polo Sur en 1911, y a Roberto Scott, inglés que llegó en 1912 sólo para descubrir que Roald Amundsen se había adelantado—. En ese lugar el aire es muy seco y estable, lo que hace a la atmósfera más clara para la observación del cielo. La estación se encuentra en el Polo Sur geográfico y está habitado de manera permanente. El telescopio BICEP se instaló en noviembre de 2005 y estuvo recabando datos desde enero de 2006 hasta 2008.

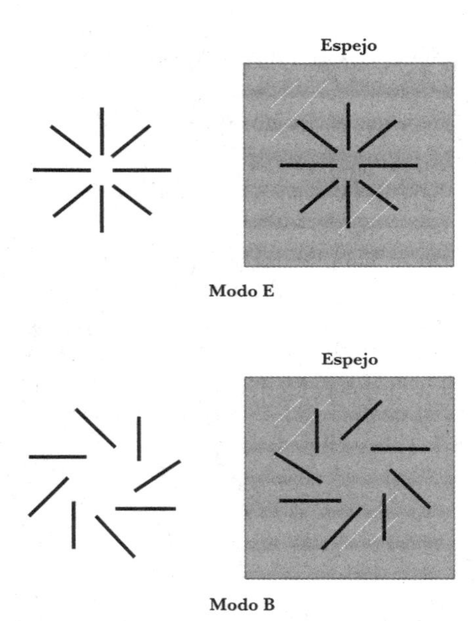

Modos de polarización en ondas gravitacionales. Los modos "E" son los que se reflejan igual en un espejo. La longitud de la barra indica el tamaño de la señal y la orientación indica la dirección de la polarización.

Luego fue mejorado con otros dispositivos y cambió su nombre a BICEP2. Desde entonces el nuevo arreglo ha estado observando el cielo. La colaboración que hizo mejoras a sus sistemas de medición en 2014 para tomar más datos cambió su nombre a BICEP3.

Si un día llegamos a observar este efecto de polarización de la luz de la radiación cósmica de fondo, conoceremos la señal más antigua del universo, ya que proviene de los primeros instantes de su existencia. Más aún, sería un efecto físico en el que la gravitación y la mecánica cuántica intervengan para darnos un efecto medible.

8. El *Big Bang*: momento cero

Todo lo que vemos a nuestro derredor, el Sol y los planetas de nuestro sistema solar, los miles de millones de estrellas en nuestra galaxia y los miles de millones de cúmulos estelares, nebulosas y galaxias, así como el descomunal espacio que se extiende por miles de millones de años luz, todo se formó de una diminuta chispa.

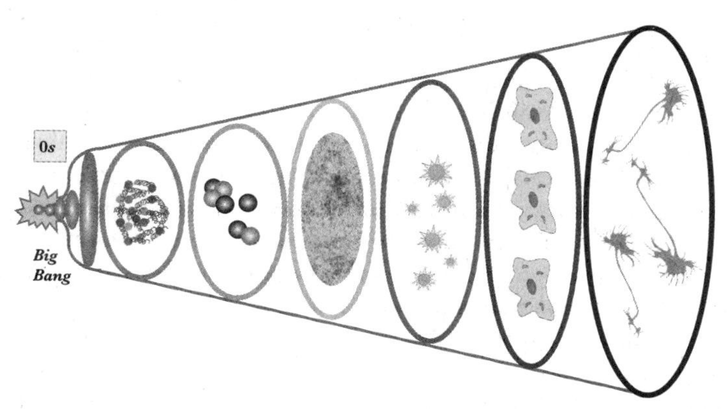

El momento de la gran explosión hace 13,800 millones de años.

El origen del universo a partir de la nada es una idea difícil de aceptar para muchos. Quizá, al menos en parte, será más fácil admitir este concepto si percibimos que algo puede existir cuando el costo en energía es cero. De acuerdo con la ecuación de Albert Einstein: $E=mc^2$, todo posee una energía contenida en su masa m, que es igual a mc^2. Por otro lado, todo posee una energía negativa debido a la gravedad. Esto quiere decir que los que estamos en la superficie de la tierra tenemos un déficit de energía con respecto a un astronauta que se encuentre a gran altura. Quizá la suma de todas las energías gravitacionales acumuladas en todos los objetos del universo equivale a mc^2, pero con el signo negativo. De este modo, el costo de llevar al universo a la magnificencia que podemos ver no representaría un gasto en energía.

Antes de la teoría que establece que el universo se originó en una Gran Explosión se creía en un universo continuo o universo estacionario. Según esta teoría, el universo estaba ahí desde siempre y para siempre. Para poder explicar las observaciones era necesario pensar que la materia se creaba continuamente en todo el espacio. De acuerdo con los cálculos en ese modelo, la materia se tendría que generar a un ritmo tan lento como un átomo de hidrógeno nuevo por metro cúbico cada 1,000 millones de años. Con esta producción de materia se podría compensar la disminución en densidad que el universo experimenta como resultado de la expansión. Este modelo era muy atractivo porque no necesitaba un origen. Sin embargo, las observaciones experimentales lo descalificaron para dar paso a la teoría del *Big Bang*.

Hoy sabemos que el universo crece desde que se originó hace 13,800 millones de años. De este modo, dos galaxias que se encuentren separadas por un millón de años luz se alejan una de la otra a 20 kilómetros por segundo. Si la separación entre ellas es de dos millones de años luz, se alejan a 40 kilómetros por segundo. Si las galaxias están separadas por 14,000 millones de años luz, se separan a 300,000 kilómetros por segundo, que es la velocidad de la luz. Las galaxias más alejadas observadas por los astrónomos se mueven a dos veces la velocidad de la luz, alejándose de nosotros.

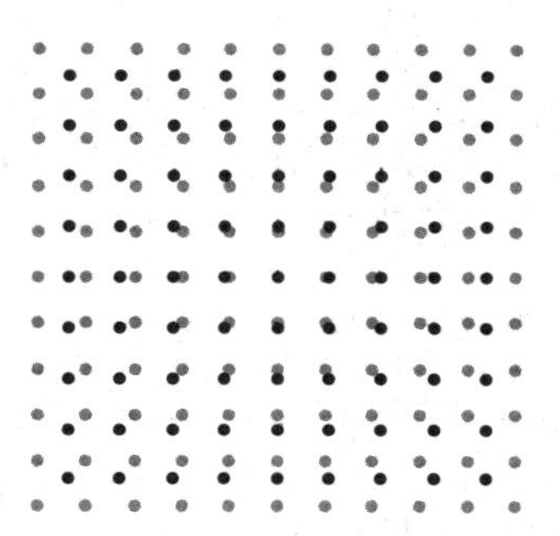

Cuanto más alejados los objetos, mayor es su velocidad de alejamiento. El diagrama muestra lo que observamos desde nuestro planeta, que se puede ubicar en el centro. Los puntos más alejados del centro están más separados entre sí por efecto de la dilatación del espacio.

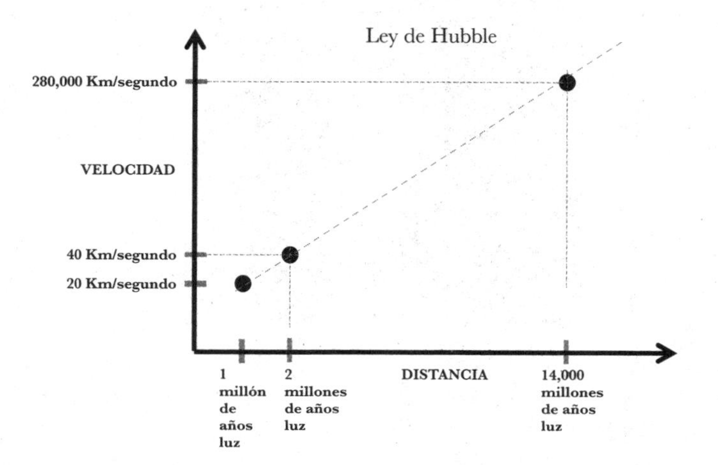

La ley de Hubble establece una relación lineal entre la distancia de los objetos astronómicos y la velocidad con que se alejan de nosotros.

En 1924, el astrónomo estadounidense Edwin P. Hubble reconoció estrellas en la nebulosa de Andrómeda, ayudado del mayor telescopio del mundo de ese entonces en Mount Wilson Observatory. Más tarde, nos dimos cuenta de que la nebulosa en realidad es galaxia. El telescopio de Monte Wilson, ubicado al norte de Los Ángeles, California, tenía un espejo de 2.5 metros de diámetro. Hubble y otros determinaron que Andrómeda no se aleja de nosotros como lo hace la mayoría de los objetos lejanos. Más aún, se acerca a una velocidad de 300 kilometros por segundo, y algún día chocará con nuestra Vía Láctea. Con excepción de algunas galaxias cercanas como Andrómeda, la gran mayoría de los objetos medidos se alejan. Más de 30,000 mediciones de objetos astronómicos han permitido establecer la ley de Hubble y determinar con buena precisión la razón con que los astros se alejan de nosotros.[1]

Andrómeda es la galaxia vecina que se encuentra a 2.5 millones de años luz y el objeto más lejano que se pueda ver con el ojo desnudo. Fuente: © NASA, ESA, http://hubblesite.org.

---

[1] Hubert Goenner, *Einfüehrung in die Kosmologie*, p. 10.

La razón por la que Andrómeda se acerca obedece a una dinámica local, donde las fuerzas entre los grandes cuerpos astronómicos dominan ante la dilatación del espacio-tiempo en gran escala.

El hecho de que los objetos se alejen por efecto de la expansión del universo es uno de los argumentos fuertes en favor de la teoría del *Big Bang*.

La Gran Explosión

Así como los átomos no son átomos, en el sentido etimológico de la palabra, ni los elementos de la tabla periódica son los elementos de la materia, la gran explosión no fue grande ni fue explosión. Hay muchos términos que describen objetos o fenómenos en la naturaleza y que, por muy diversas razones, terminan reseñando algo diferente de lo que la palabra describía en un principio. *Big Bang* fue la expresión burlona de Fred Hoyle, un famoso físico inglés que se oponía a la idea de un universo con un inicio definido. Hoyle la usó para decir "llamarada de petate", en el sentido de pretensiosas y efímeras ideas que algunos promulgaban contra el imperante modelo de universo continuo.

Las explosiones se deben siempre a que la presión interna de un cierto volumen aumenta súbitamente, arrojando material en la dirección externa de más baja presión. En el comienzo del universo, la presión era la misma en todas partes porque no existía una zona externa. No obstante, así se le ha llamado al proceso que debió haber ocurrido hace 13,800 millones de años y mediante el cual se generó el universo en que vivimos.

El universo inicial estaba sujeto a los efectos de la gravedad y la radiación térmica, pero la tasa inicial de expansión fue tal que poco tiempo después generó una inflación cósmica, que tratamos en el capítulo anterior.

El modelo del *Big Bang* está fundado en observaciones y conceptos teóricos. Al nivel de las mediciones, los cimientos son sólidos: de entrada, las galaxias se separan unas de otras con una velocidad tanto más grande cuanto más lejos se encuentran de acuerdo con la imagen que tenemos de una explosión. La ley de Hubble —que se vio en la introducción— describe este comportamiento. Además, la física nuclear permite calcular la abundancia de elementos en el escenario que plantea la teoría del *Big Bang*. Las medidas del contenido de elementos en el universo se encuentran de acuerdo con los cálculos con una precisión sorprendente. Si los núcleos de los elementos que se formaron en el proceso hubiesen nacido en el centro de las estrellas, las proporciones serían muy diferentes.

Según el modelo del *Big Bang*, debe existir una radiación primordial que baña al universo de luz, como una reliquia de sus primeros momentos. Este fulgor prístino ha sido observado y tiene las características previstas. Al nivel teórico, la teoría de la relatividad general es el primer pilar del *Big Bang*. La relatividad general nos enseña que el espacio-tiempo es algo plástico que se alarga y se distorsiona ante la presencia de cuerpos con masa. Nos enseña además que este espacio-tiempo es cambiante y que la expansión que vemos cuando los cuerpos celestes se alejan unos de otros no se debe a su movimiento, sino a la dilatación que experimenta.

Otro pilar teórico es la física de partículas elementales, que explica el contenido del universo temprano. Describe un mundo de campos que dan estructura y coherencia al microcosmos original. La teoría del *Big Bang* no está exenta de criticismos. La materia oscura parece constituir la mayor parte de lo que forma el universo y, sin embargo, permanece oculta. En cierta forma esta materia es el rostro escondido del universo, podría estar formada de partículas aún desconocidas que darían cuenta de lo que vemos. Los candidatos más importantes para crear esta misteriosa forma de materia son las llamadas partículas súper simétricas, de las cuales la más ligera sería el neutralino. El Gran Colisionador de Hadrones en el CERN debería poder observar algunas de estas partículas, pero esto no ha ocurrido todavía.

El *Big Bang* improbable

La entropía es un concepto que surge de la segunda ley de la termodinámica. Esta ley establece, en términos muy sencillos, que el calor pasa de los cuerpos más calientes a los más fríos y no al revés. Una manera diferente de formular la segunda ley de la termodinámica es diciendo que cualquier sistema aislado, es decir, sin la influencia externa, se volverá más desordenado con el tiempo. La manera de expresar el desorden de un sistema es por medio de la cantidad llamada entropía.

Es posible definir la entropía en términos de la cantidad de estados en los que un sistema se encuentra. Si el estado se puede lograr de muchas maneras, entonces será más probable encontrarlo en esa condición que en otras que sólo se logran de unas cuantas formas.

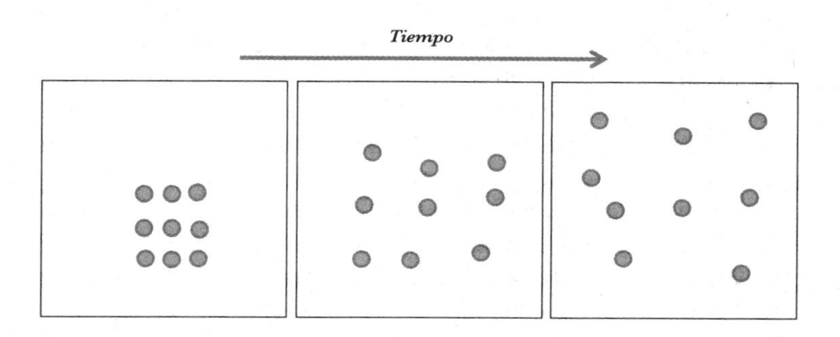

Para un gas dentro de un contenedor, la configuración más ordenada de la izquierda es más improbable. Es natural pensar que la configuración de la izquierda ocurrió antes que la de la derecha.

De acuerdo con la segunda ley de la termodinámica, al poner en contacto dos cuerpos a diferente temperatura, el más caliente se enfriará mientras el más frío se calentará hasta que ambos, en contacto, se encuentren a la misma temperatura. Este hecho intuitivo y aparentemente banal tiene consecuencias muy significativas en la física. Por ejemplo, establece una dirección al tiempo, ya que según esta ley no podemos pensar en la posibilidad de retroceder cronológicamente, viendo todo de la misma manera como se ve cuando el tiempo fluye del pasado al futuro. Al invertir el tiempo, veríamos lo contrario de lo que establece esta ley.

Algunos físicos han pensado que quizá no se trata de una ley fundamental. Unos quisieran que las leyes fundamentales fuesen invariantes ante la inversión del tiempo, y piensan que quizá detrás de la segunda ley existe algo que no entendemos.

La segunda ley de la termodinámica puede formularse en términos de algo denominado entropía. La entropía se trata, básicamente, de la medida del desorden de un sistema. Si las componentes de un conjunto se encuentran distribuidas azarosamente, la entropía es alta. Si, por el contrario, el conjunto adquiere un orden poco probable, su entropía será menor. La segunda ley de la termodinámica nos dice que este ordenamiento tenderá a desaparecer porque el conjunto busca arreglos más probables de sus componentes.

La segunda ley de la termodinámica nos dice, pues, que el universo como un todo es cada vez más desordenado (i. e., cada día que pasa, la entropía en él es mayor). De tal manera que antes nuestro universo debió ser más ordenado. Si vamos al pasado más remoto posible, que es el *Big Bang*, deberíamos encontrar una entropía extremadamente baja. El *Big Bang* debió ser muy organizado.[2] Para que la segunda ley de la termodinámica sea válida, la entropía tuvo que ser tan pequeña que

[2] Roger Penrose, *The Road to Reality*, p. 726.

lo hizo un evento muy especial. Un *Big Bang* extremadamente organizado implica un universo muy improbable. Esto representa una dificultad que aún no ha sido estudiada por la cosmología.

Sin embargo, debemos recordar que en el instante cero del universo, toda la materia y la energía se concentraban en un punto donde las nociones de extensión y duración dejaron de existir. En ese punto, la densidad, la presión y la temperatura son infinitas. A este punto los físicos lo llaman singularidad, y puede ser que ahí todas las leyes de la física pierdan su vigencia.

El *Big Bang*: origen de todas las cosas

Hemos llegado al final de nuestra narración, que no es sino el principio del universo. Estamos en el punto luminoso desde el cual surgió todo lo que vemos a nuestro derredor hace 13,800 millones de años.

En esta peculiar gran explosión un campo escalar ocasionó la inflación cósmica que estabilizó al naciente universo, dando masa a un mundo de luz. Las partículas masivas formaron un plasma líquido que, al enfriarse, configuró estructuras. Los quarks formaron protones y neutrones que constituyeron los primeros núcleos atómicos. Estos núcleos atraparon electrones para conformar átomos ligeros, que luego se aglomeraron creando estrellas, donde se producen los átomos más pesados. Con este material también se formaron los planetas que, al final de una larga espera, reúnen lo necesario para que surjan una gran variedad de formas geométricas capaces de ensamblarse, cambiar, derruirse y reaparecer. La diversidad y el tiempo generaron la primera célula y ésta se especializó tanto que hoy nos asombra como vida. De esta manera el universo cobró conciencia y ahora se nos presenta como un gran misterio.

Aunque esta visión de las cosas puede cambiar, tenemos razones para pensar que debió haber sido así y no de otra forma.

Hoy como nunca antes coincidimos con el poeta que dijo: "no pertenecemos a nadie sino al punto luminoso de esta lámpara desconocida por nosotros, inaccesible a nosotros que mantiene despierta la valentía y el silencio".[3]

[3] René Char, "Hojas de Hipnos".

9. Reflexiones finales

El destino del universo

Las galaxias se alejan de la Tierra a una velocidad que depende de la distancia a la que se encuentran de nosotros. Su rapidez aumenta porcentualmente con la lejanía, de tal manera que se establece una proporción entre ambas: la distancia y su velocidad.

La fuerza de gravedad, debida a la masa contenida en el universo, hace que la expansión sea más lenta de lo que sería sin ella. El freno que la fuerza de gravedad ejerce sobre su expansión depende de la densidad de masa en el universo. Hoy sabemos que existe una densidad crítica. Si la densidad de masa presente en el universo excediera ese valor crítico, el universo dejaría de expandirse en algún momento y comenzaría a cerrarse para acabar en un gran colapso. En este caso tan dramático y posible, nuestro universo terminaría en el fuego de una contracción infinita. Si viviéramos el tiempo suficiente para contemplarlo, veríamos que el cielo se calentaría más que las estrellas y todo acabaría hirviendo mientras se transforma en una singularidad aplastante.

Si, por el contrario, la densidad del universo fuera menor que la densidad crítica, entonces nuestro universo se extendería infinitamente por toda la eternidad. Se enfriaría lentamente mientras las estrellas morirían apagándose una a una. El frío sería cada vez más intenso y el cielo más oscuro. Las gigantescas estructuras que pueblan el firmamento desaparecerían en el silencio y la quietud de un vasto espacio sin nada.

Por supuesto, también existe un escenario en el que el universo tendría exactamente la densidad crítica. En este caso, nuestro universo se extendería sin límites, deteniéndose poco a poco para estar cada vez más cerca de un crecimiento cero.

¿Cuál de estos tres escenarios corresponde al universo que habitamos? ¿Qué ocurrirá con nuestro futuro? La respuesta está en la densidad de masa que contiene el universo.

Según las estimaciones actuales, la densidad crítica del universo debe estar entre 4.5×10^{-30} y 1.8×10^{-29} gramos por centímetro cúbico.[1] Para darnos una idea de lo que significa esta densidad, consideremos que un átomo de hidrógeno tiene la masa aproximada de un protón, que es: 1.67×10^{-27} kilogramos; de tal suerte que la densidad crítica del universo corresponde a tener entre tres y diez átomos de hidrógeno en un metro cúbico de espacio. Ésta es una densidad muy baja si consideramos que el mejor vacío logrado en laboratorio contiene unos 1,000 millones de átomos por metro cúbico. Para tener la densidad crítica que salve al universo de un final en llamas, el universo debe tener una cantidad de materia muy pequeña en el volumen que ocupa.

Las mediciones obtenidas con satélite en años recientes han dado una mejor idea de la constante cosmológica. En 2003, la misión Wilkinson Microwave Anisotropy Probe (WMAP, por sus siglas en inglés) midió una densidad de masa del universo de 9.47×10^{-30} gramos por centímetro cúbico que, como vemos, es muy cercana a la densidad crítica.[2]

---

[1] Alan Guth, *Die Geburt des Kosmos aus dem Nichts.*

[2] Particle Data Group, "The Cosmological Parameters", p. 287.

Este valor es el que se obtiene después de ajustar los datos observacionales a los parámetros de un modelo teórico sobre ciertas cantidades. En caso de que este modelo sea correcto, las mediciones del satélite WMAP significarían que nuestro universo crecerá cada vez menos, no colapsará nunca, no morirá en un fuego infernal, ni lo hará en un gélido invierno de extendida oscuridad. Pero si la densidad de masa del universo tiene el valor crítico entonces es inmortal.

El lector no debe preocuparse por la posibilidad de un final trágico en caso de que la densidad crítica no tenga el valor que nos garantice la eternidad. En caso de que la densidad crítica no nos favorezca, el tiempo que falta por recorrer antes de que el universo se colapse abatido por las fuerzas gigantescas de la gravedad o se enfríe lánguido en impasible agonía es de varios miles de millones de años. El tiempo exacto no lo conocemos, pero los mejores modelos cosmológicos predicen por lo menos 10,000 millones de años. Esto nos da el margen suficiente para realizar algunas actividades sin preocuparnos.

Conversando sobre física moderna y religión

De muy diferentes maneras, el Centro Europeo de Investigaciones Nucleares (CERN) es un espacio para conversar. Gente de muchos países con los más diversos puntos de vista llega al laboratorio más grande del mundo con ideas y propuestas que ponen a la consideración de otros. Casi siempre la gente coincide en el método con el que se aceptan o se rechazan los proyectos.

El valor del esfuerzo por la colaboración se encuentra en la comunicación efectiva con que se pretende convencer a los otros. Se trata de persuadir pero también de ser persuadido. En este proceso, la voluntad de analizar, hablar y escuchar es el paso más importante. No es una exageración decir que el éxito del CERN, como empresa científica, radica en este diálogo constante.

La diferencia de opinión es un hecho que enriquece a nuestra sociedad porque puede ser usado para evaluar las cosas desde puntos de vista alternativos, dándonos una descripción más completa del tema.

El diálogo es la herramienta de construcción, evaluación y corrección. Es la manera de concientizar y formar una opinión, de cuestionarla, analizarla y concluir. Encontrar un espacio para el diálogo es de gran importancia. Para poder edificar este espacio se necesitan puntos de vista comunes, un lenguaje colectivo y quizá también una manera de aproximarse a los asuntos cruciales.

Panos Charitos es doctor en Teología por la Universidad Aristóteles de Tesalónica en Grecia. Tiene un grado en Astrofísica otorgado por el Imperial Collegue de Londres y uno más de Sociología y Medios de la Escuela de Economía en Londres. Actualmente trabaja en el CERN comunicando de manera comprensible, para el público no especializado, lo que sucede en el más grande y visible de los laboratorios del mundo.

Desde que lo conocí hace algunos años he tenido muchas conversaciones con él sobre muy diversos temas. Siendo teólogo y físico a la vez, sus puntos de vista acerca de los avances científicos recientes en nuestra comprensión del universo han sido enriquecidos al contacto con la visión religiosa. La conversación que reproduzco tuvo lugar en el verano de 2013 en el comedor del CERN. El restaurante cierra a la media noche, pero justo antes de esto, los trasnochados reciben un recordatorio que les da la oportunidad de pertrechar reservas de alimentos y bebidas para seguir en las mesas conversando, mientras avanza la noche.

Autor: Estarás de acuerdo conmigo en que un aspecto importante de la actividad científica es la construcción de una visión del universo. Cada generación contribuye de una manera u otra a corregir y cambiar —algunas veces a precisar o simplemente completar— esta visión. El Gran Colisionador de

Hadrones es un proyecto de nuestra generación que, al igual que otros grandes proyectos, está produciendo resultados importantes. Somos privilegiados en poder testificar y participar en el gran paso que representa este proyecto, hacia la compresión del universo. Lo que aprendemos día con día en este laboratorio nos acerca al origen de las cosas. Algunos de los resultados que se gestan aquí podrían convertirse en nueva física.

Panos Charitos: En los últimos años, gran cantidad de evidencias han venido a fortalecer el modelo estándar de la física actual, una de las piedras angulares de la física moderna que explica cómo los bloques de construcción básicos de la materia interaccionan y se organizan por medio de cuatro fuerzas fundamentales a saber: la gravedad, la interacción de las fuerzas —débil y fuerte—, así como la electromagnética.

El anuncio del descubrimiento del Bosón de Higgs, en los experimentos ATLAS y CMS del Gran Colisionador de Hadrones o LHC (por sus siglas en inglés), entusiasmó a los físicos de todo el mundo. Era la pieza que faltaba para confirmar el modelo estándar y fue observado de manera independiente por los grupos involucrados en ambos experimentos. El bosón de Higgs o, para ser un poco más precisos, el campo de Higgs describe el proceso de formación de la masa. Al interaccionar, les concede masa a las partículas elementales de la que carecerían de otro modo.

Siguiendo al descubrimiento de los bosones W y Z hace casi treinta años por el CERN y con las pruebas de precisión del modelo estándar de la interacción electrodébil y fuerte en Large Electron-Positron (LEP), el bosón de Higgs reafirmó la validez del modelo estándar de la física de partículas elementales.

Meses después, la información, proveniente de un experimento de reconocimiento del espacio exterior, fue anunciada por el proyecto Planck, otorgando mayor evidencia a favor del modelo estándar de la cosmología moderna. La misión Planck se centraba en un detallado reporte de la radiación emitida en el fondo o telón de microondas del universo, una reliquia del plasma original que inundó el universo durante los primeros 300,000 años posteriores al *Big Bang*. Los precisos patrones de temperatura detectados en el fondo de microondas del universo, confirmaron la predicción de que poco después del *Big Bang* el joven universo sufrió un corto estallido de expansión exponencial conocido como inflación. Los resultados del Planck parecen confirmar un "universo casi perfecto", aunque nuevos aspectos aún no explicados se han abierto y podrían dar pie a una nueva física.

Autor: Algunos consideran que estamos cerca de las respuestas finales. Otros opinan que sólo estamos descubriendo más preguntas. Mientras unos afirman que podemos llegar a entender la naturaleza, otros consideran que tenemos la ilusión de comprensión. ¿Cómo ve esto un teólogo?

Panos Charitos: Los dos anuncios arrojaron, evidentemente, mucha luz sobre preguntas de física de partículas y cosmología que habían permanecido sin respuesta durante más de cincuenta años y allanaron nuevos caminos en nuestra comprensión del mundo. Los últimos resultados, provenientes de la colisión de partículas en nuestros aceleradores o de la observación de distantes galaxias con nuestros telescopios, han ayudado a confirmar la validez de ciertas teorías. Al mismo tiempo, la nueva evidencia experimental ha abierto todo un nuevo conjunto de preguntas.

El descubrimiento del bosón de Higgs ha sido un logro extraordinario, producto de los muchos años de arduo trabajo de un grupo de colaboración de científicos que se reunieron en el CERN. Sin embargo, también ha despertado cierta inquietud entre ellos. El modelo estándar de la física de partículas tiene varios hoyos en sí, que no han hecho sino volverlo más problemático a medida que sabemos más de él. Deja sin resolver las cuestiones de la materia oscura, el paralelismo entre materia y antimateria y la abundancia de partículas. Además, carece de una respuesta convincente para explicar por qué algunas de las fuerzas fundamentales son más fuertes que otras. De manera similar, la información arrojada de la exploración del Planck confirma el modelo estándar o modelo del *Big Bang* de la cosmología. El hecho de que los resultados estén en extraordinario acuerdo con el paradigma inflacionario da lugar a preguntas referentes a las condiciones originales, previas a la inflación, así como a qué fue lo que detonó esta fase en la historia del universo. La información del Planck demuestra que no todo concuerda con nuestro entendimiento de la cosmología.

Por eso estoy de acuerdo contigo en que los descubrimientos recientes están abiertos a diferentes interpretaciones, nos recuerdan preguntas relacionadas con el progreso de la ciencia y nos invitan a pensar acerca del significado de realismo científico. Me parece que estamos viviendo tiempos emocionantes porque los datos de estos grandes proyectos nos desconciertan sobre la validez de nuestras teorías —de nuestras descripciones de la realidad— y quizás arrojan luz sobre las teorías que fueron formuladas hace un siglo.

Autor: Independientemente del dilema que nos impone el paradigma "respuestas que plantean más preguntas" y más allá de nuestras posibilidades para obtener o no una mejor descripción del universo y su origen mediante la ciencia, me pregunto si hay espacio para el diálogo entre ciencia y religión. Estoy seguro de que piensas que existe este espacio, pero entonces ¿cuáles serían los ladrillos fundamentales para ese lugar y para la conversación entre ciencia y religión?

Panos Charitos: Estás en lo correcto en que necesitamos pensar en una manera de movernos más allá del dilema de "respuestas abriendo más preguntas" o el de "la versión final".

Como hemos discutido, las teorías alternativas, desarrolladas con el propósito de atender algunas de las preguntas en física de partículas y cosmología, parecen no encontrar una confirmación experimental. Tal vez lo que ahora vemos sea sólo parte de una fotografía más grande que incluye una nueva física escondida en las profundidades del mundo subatómico o en los oscuros rincones del universo. Tenemos que esperar las nuevas corridas del LHC y debemos esperar más información de la misión Planck para tener un mejor entendimiento. De cualquier modo, los resultados de los experimentos del LHC y del satélite Planck reafirman una imagen de simplicidad: todo resultó ser demasiado simple, aunque extremadamente desconcertante.

Este misterio de simplicidad puede servir como un bloque de construcción de un espacio de diálogo más amplio entre la ciencia moderna y la religión. El vínculo entre las dos ha sido inquietante desde que la ciencia comenzó a despuntar como un campo diferente. Ha sido uno de los debates de más larga duración gracias al cual, hasta cierto punto, se moldeó la visión del mundo moderno occidental. Esta larga relación se ha caracterizado por fuertes disputas y, en otros momentos, por un acercamiento más reconciliatorio. De estos debates surgió la pregunta de si el lazo entre religión y ciencia está caracterizado por el *conflicto* o por la *concordia*, un asunto que todavía preocupa a muchos estudiosos y que predomina en la esfera pública.

Autor: Sobre el conflicto entre ciencia y religión no necesitamos discutir. Hay mucha tela de donde cortar en la historia de la humanidad. Existen episodios muy conocidos y un debate continuo. Lo que quizá pueda ser interesante y diferente es mirar en la dirección opuesta, es decir, mirar al lugar donde las dos visiones podrían conversar.

"Simplicidad" es ciertamente un aspecto común de la búsqueda científica y sus descubrimientos, pero ¿es quizá también un postulado tácito de la religión?

Nunca la humanidad estuvo tan cerca del origen del universo y nunca antes se planteó preguntas tan fundamentales en sus laboratorios con la expectativa de obtener respuestas reales en corto plazo. Esto despierta inquietudes y miedos que rememoran viejas discusiones. El debate, sin embargo, es siempre el mismo. De manera tradicional, las dos partes modifican en parte sus argumentos, actualizan la formulación y sustituyen a sus delegados que deben tener brillo, habilidad oral y capacidad de reacción espectacular. El público refuerza sus posiciones, actualiza su información del tema y espera ansioso el próximo encuentro.

Panos Charitos: Exacto, por eso me referí al peligro de una aproximación apologética que no está abierta al diálogo con los descubrimientos modernos de la ciencia y que se rehúsa a tomar en cuenta las condiciones y los problemas de la sociedad moderna. En lugar de esto, repite viejos argumentos vestidos ahora a la moda. Esta trampa de lo ordinario nos debe alertar. Creo que los científicos y los teólogos debemos entablar una discusión más viva.

El descubrimiento del bosón de Higgs revivió la tensión entre las dos partes y encendió vivos debates sobre la relación entre ciencia y religión. El nombre de "partícula de Dios", atribuido al bosón de Higgs por Leon Lederman,[3] causó una tensión extra (también entre los físicos que no se sentían a gusto con ese nombre). Un fuerte lenguaje religioso y antirreligioso se desató en torno a la búsqueda del bosón de Higgs. "No existe la (bendita) partícula de Dios" escribió Tony Phillips.[4] "El bosón de Higgs es una clavo más en el ataúd de la religión",

[3] Leon M. Lederman y Dick Teresi, *The God Particle: If Universe is the Answer, What is the Question?*

[4] Tony Phillips, "There is no God (Damn) Particle".

expuso Peter Atkins de la Universidad de Oxford en la BBC.[5] "¿Será que el bosón de Higgs hará surgir una nueva religión, a un nuevo Dios?" se pregunta el Hindustan "Times". Más recientemente, en su nuevo libro, Lawrence Krauss (*A Universe of Nothing*, del que por cierto fui el editor de la traducción al griego) describe cómo hay tres tipos de nada que podrían producir ese algo que vemos alrededor de nosotros y que para Krauss significa que esto es pura ciencia sin necesidad de cuentos de hadas.[6]

Pero, regresando al punto que has mencionado antes, pienso que el debate a menudo nos conduce a dos trampas. Por un lado, estos enfoques comparten la consigna de que la religión se basa en una suerte de ilusión, decepcionando así a aquellos que son fieles y desafían a la necesidad de entender el mundo. Los creyentes a menudo son vistos como patéticos receptores de un mensaje diseminado por las autoridades y los ministros de la Iglesia y, como muchas veces es el caso de esta corriente crítica, niega las varias formas en los que la audiencia se relaciona con el mensaje. Además, los argumentos articulados en el debate suelen "esencializar" las descripciones de las escrituras de la creación del mundo y lo identifican o equiparan con la investigación científica; como si ofrecieran la respuesta de preguntas similares a las hechas por la ciencia moderna. Es una discusión que se ve venir de ambos lados: aquellos que acusan ferozmente a la religión de ser anticientífica e irracional y muchos creyentes y líderes eclesiásticos que fuerzan la autoridad de las escrituras cristianas sobre el discurso científico moderno.

Creo que en esto apunta a la necesidad de discutir de nuevo el rol de la fe en el mundo posmoderno y de disociar la fe de la irracionalidad. Como científicos sociales aprendemos el rol

---

[5] Peter Atkins, "The Higgs Is Another Nail in the Coffin of Religion".

[6] Lawrence M. Krauss, *A Universe from Nothing: Why There is Something Rather than Nothing.*

central de la fe en la construcción de identidades y un sentimiento de lo ordinario, sin el cual nuestro mundo se colapsaría. En otras palabras —y lo siento por insistir en esto—, creo que necesitamos distinguir fe de irracionalidad y repensar el rol de la metafísica, que es por supuesto otra larga discusión para los filósofos.

Autor: Tengo el sentimiento de que las dos visiones no son reconciliables. La "certeza" en la religión y la "duda" en la ciencia se encuentran cara a cara en la construcción del gran marco.

Panos Charitos: La teología moderna también se ha ocupado de la relación entre las dos disciplinas. Llevar a cabo una exposición exhaustiva y convincente requeriría una larga discusión. Sin embargo, los argumentos más populares, tanto los oponentes como de los defensores de la religión, tienen una comprensión más bien limitada de Dios y de la tradición cristiana. Lo que es más importante es que la conceptualización de Dios, la membresía de la Iglesia[7] y la relación entre lo humano y lo divino se basan frecuentemente en argumentos más bien afirmativos que descansan en la confirmación de nuestra relación con Dios —como un Ser Todopoderoso y Omnipresente— y da una revalidación y un sentimiento de plenitud personal. En muchos casos, pareciera que la identidad cristiana no da la posibilidad de la diferencia, la duda o la pregunta y que en su lugar apoya un discurso poderoso, jerárquico y dominante. Esta estampa delata a muchos de los críticos modernos de la

[7] Como resalta Milbank: "La Iglesia es, en principio, un nuevo cuerpo social que puede trasgredir toda frontera humana y no adopta más leyes que las de vida [y] que es responsable de una variada aunque armoniosa comunidad que se reconoce mutuamente. Ya sea que el foco esté en las Escrituras, el credo o la tradición, una cierta 'idealidad' parece regir, una tendencia a pensar, teológicamente, en términos de formas más elevadas, puras e inmaculadas. Una petición formal, una 'forma de ser', reemplaza determinada particularidad de la enseñanza y de la práctica apostólica" (John Milbank *et al.*, *Radical Orthodoxy: A New Theology*).

religión, como el campo por excelencia que ofrece un discurso algo ingenuo para los creyentes que no dan espacio para la ambigüedad dándoles la seguridad de salvación. ¿Cómo puede sentirse uno seguro en un mundo moderno denigrado por las atrocidades y cuestionado por las grandes desigualdades? Esto también nos llama la atención sobre los límites de la ciencia y el significado de la escatología, que es un aspecto importante de la tradición cristiana.

Desde mi punto de vista, el sentimiento de certeza no sólo contradice la larga historia de la Iglesia cristiana y el florecimiento de la teología patrística,[8] sino que además demerita la importancia de la hermenéutica y la interpretación del lenguaje cristiano. No es una exageración afirmar que la teología no se basa en certidumbres y que no hay muchos pasajes en las Escrituras que refuercen este caso. El Diluvio de Noé, seguido del primer testimonio entre Dios y el hombre, el sacrificio de Isaac,[9] el dubitativo Tomás y el episodio descrito por Mateo (26: 36-56), en el cual Jesús predica en el jardín del Getsemaní, son algunas de las pocas ocasiones en que se señala el papel que la duda juega para la cristiandad. Uno sólo tiene que pensar en la fuerza de esas descripciones y en el significado que

---

[8] Esto lleva a la discusión sobre el papel de las escrituras en la teología moderna y la relación entre tradición y cultura moderna. Para una aproximación ortodoxa a este tema uno debe acercarse a los trabajos de G. Florofsky, *Christianity and Culture*, 1974.

[9] Como señala Derrida en *El regalo de la muerte*, sólo Dios como otro Absoluto puede exigir una total obediencia para que Abraham pueda trascender, aún a costa de trasgredir su noción de lo moral y lo ético. Abraham tuvo que poner en tela de juicio sus nociones prestablecidas de moralidad y aun más, confrontar los reclamos de su esposa. Derrida encuentra que la acción de Abraham surge como respuesta al *misterium*, es decir, a la Otredad Absoluta de Dios. Derrida entiende esto, implicando que "el concepto de responsabilidad, de decisión, o de deber están condenados a priori a la paradoja, el escándalo y la aporía. La paradoja, el escándalo y la aporía no son en sí más que sacrificio; la revelación del pensamiento conceptual como su límite, y como su muerte y finitud" (J. Derrida, *The Gift of Death*, p. 68).

tienen para los miembros de la joven Iglesia en el contexto del Imperio Romano.

Esto no quiere decir que los creyentes tengan que vivir su fe en una condición de duda e incertidumbre, sino que va más allá y exige reconocer el significado que la duda y la otredad tienen para la teología. La duda no mella la creencia, por el contrario, es parte indispensable de la aceptación de Dios y los mandatos de una tradición religiosa. Más aún, la duda abre un espacio para la acción en contraposición a la deshumanizadora carrera por la certidumbre. Éste es un punto sutil, debido a que siempre existe el peligro de terminar en una discusión antimoderna que niega los avances alcanzados desde la Ilustración.

Autor: La "simplicidad" es un lugar común donde la conversación entre ciencia y religión podría comenzar. Estoy seguro de que la conversación sería muy interesante, pero ¿qué crees que podamos aprender de ella?

Me parece muy interesante que en la religión exista un espacio para la duda. Hay ciertamente una demanda de esto: la teóloga alemana Uta Ranke-Heinemann hace una invitación a dudar en su libro *No y amén.*[10] Ella ha tenido gran impacto en la esfera pública, creo que esto se debe al rigor científico con que aborda los planteamientos teológicos. Pero el hecho de que la religión se preocupe ahora por dar un lugar a la duda quizá ratifica el gran poder de la duda en la ciencia.

Panos Charitos: Todo esto está vinculado con el misterio de la simplicidad a que hice referencia mientras discutíamos los recientes logros científicos en física. La ciencia no consiste sólo en declaraciones científicas afirmativas y descripciones que se refieren a una verdad absoluta, que se alcanza por medio de la racionalidad. También está ligada a nuestra capacidad de hacernos nuevas preguntas y cuestionar las actuales teorías y

---

[10] Uta Ranke-Heinemann, *No y amén.*

descripciones científicas (algo que ya sabemos, luego de los largos debates epistemológicos sobre el significado del realismo). La religión es un llamado a la otredad; construir y controlar nuestra relación con lo Otro es de importancia ontológica y teológica. Ambas tratan —desde su propia perspectiva— de brindar respuestas que iluminen el enigma del ser humano y en esta faena a menudo encuentran momentos de ambigüedad y silencio. Esto puede ser visto en los debates sobre el significado del método científico que, ya como ciencia, progresó más y más para revelarnos nuevos fenómenos y otras descripciones para el macro y el microcosmos ligándolos con nuestra experiencia diaria.

Los argumentos que asocian a Dios con el *Big Bang* de la cosmología moderna, ya sea que traten de apoyar la teología en hechos positivos o se basen en descubrimientos científicos, desafían la existencia de Dios y a menudo no hacen justicia a ninguno de los dos bandos. En su libro *Razón, fe y revolución,* Terry Eagleton afirma: "Para la judeo-cristianidad, Dios no es una persona en el sentido en el que lo es Al Gore. Tampoco es un principio, ni una entidad o 'existencia'; en el sentido estricto de la palabra sería perfectamente coherente para los tipos religiosos argüir que Dios de hecho no existe. Él es más bien la condición de posibilidad, una entidad cualquiera, incluyéndonos a nosotros mismos. Él es la respuesta al por qué hay algo en lugar de nada. Dios y universo no suman dos; poco más que mi envidia y mi pie izquierdo constituyen un par de objetos".[11]

La duda a la cual me he referido proviene de los más recientes hechos de la ciencia, así como de la efusividad que he intentado describir. También puede ponderarse como inherente a la religión y servir de base para un enfoque "deconstructivo". En ese sentido, creo que entender los resultados científicos recientes no implica sólo una comprensión técnica

---

[11] Terry Eagleton, *Reason Faith and Revolution: Reflections on the God Debate.*

de los términos y las teorías como la electrodinámica cuántica y la cromodinámica cuántica. Ofrece un ejemplo inmediato de la duda creativa que no es una fuerza paralizadora en tanto no te previene de continuar buscando la verdad, o de confirmar o negar una cierta descripción de ésta. Esto es una lección poderosa que los teólogos y los cristianos, quizá, pueden tomar de la empresa científica del siglo XXI. Un ejemplo que busca liberarnos y abrir la posibilidad para nuevas conceptualizaciones de nosotros mismos, de nuestras vidas y nuestro universo. Creo que ha sido este enfoque el que ha permitido a los teóricos proponer la existencia de cuerdas o el principio de un universo holográfico. Es una duda que no nos paraliza ni nos conduce a la inacción. Por el contrario, abre un espacio ontológico en el cual la acción del ser humano se funda y libera un espacio moral. Esta noción de la duda puede no ser tan extraña para la ciencia, y más bien podría tener muchos aspectos que ofrecer en la manera de enfocar las preguntas de los científicos, especialmente en tiempos de alta especialización. Al mismo tiempo, la teología puede aprender mucho de los recientes descubrimientos científicos, en tanto que explora las fronteras del conocimiento y aún revela las paradojas de la simplicidad. Un momento que escapa a nuestra descripción y conlleva a futuras investigaciones.

Autor: Todavía pervive la necesidad de un lenguaje común, ¿no crees? En este sentido, ¿qué tenemos por delante?

Panos Charitos: Uno debe recordar que la religión y la ciencia no comparten los mismos principios y que el diálogo entre ellas no se puede basar directamente en documentación científica, o como decimos, en reproducir citas de las Escrituras. En cambio, uno necesita encontrar las claves apropiadas que permitan la interpretación de resultados de un lenguaje u otro. Desde mi punto de vista, la duda abre un espacio para este diálogo y, junto con el enfoque deconstructivo que subyace en el corazón de la modernidad, ofrece jugosas formas de pensar en ambos campos. Para aquellos escépticos de la posmodernidad, pienso que existe otro ejemplo interesante en la teología cristiana, concretamente en la teología negativa o apofática que niega la posibilidad de hablar de Dios o de conocerlo a través de aseveraciones afirmativas/negativas.

La presión de problemas globales como el cambio climático, el gran número de inmigrantes y el incremento de la desigualdad social, convierten el diálogo entre religión y ciencia en una emergencia en tanto que ambas instituciones moldean a nuestra sociedad. Quizás la lírica del premio Nobel Odysséas Elýtis pueda servir como conclusión a esta discusión.[12] Señala algunas de las preguntas que persisten para nosotros, físicos y teólogos y como ciudadanos de un mundo cosmopolita.

> Parece que en algún lugar la gente celebra, a pesar de que no hay casas ni personas, puedo escuchar guitarras y risas que no están cerca…
> sino tal vez muy lejos, en las cenizas del cielo,
> en Andrómeda, La Osa o Virgo…
> Me pregunto si la soledad es la misma en todos los mundos.[13]

---

[12] *The Collected Poems of Odysseus Elytis.*

[13] Odysséas Elýtis, "Calendario de un abril invisible".

Hemos recorrido 13,800 millones de años desde la misteriosa aparición de la conciencia en nuestro universo hasta el *Big Bang*. Quizá para usted, como para mí, lo más asombroso en este recorrido sea la larga sucesión de eventos aparentemente aleatorios que condujeron a la complejidad de la vida y al funcionamiento del cerebro. La física de los procesos que conducen a la biología nos hace sentir que es extremadamente improbable que las leyes que hemos descubierto puedan conducir, de manera accidental, a la vida inteligente.

Hemos visto cómo las neuronas transmiten las señales eléctricas con un sofisticado mecanismo de intercambio iónico a través de membranas celulares y hemos mencionado las complicaciones que deben estar detrás del recóndito fenómeno de la inteligencia. Pero no sólo el refinado proceder de mecanismos biológicos, la delicada relación entre elementos químicos y los principios de la física que los fundamentan nos dan la sensación de un mundo diseñado por un agente inteligente que favoreció, lo que fue necesario favorecer, para que la vida apareciera como la vemos en todas partes.

Después de nuestro recuento, nos queda claro que hay tantas cosas que pudieron haber salido mal como para que la vida no hubiera llegado nunca a poblar las aguas, los cielos y la tierra.

La química de la vida parte de elementos vitales con la estructura exacta para unirse entre sí, generando una portentosa diversidad que produce moléculas como ácidos nucleicos, proteínas y cientos de miles y millones de otras más que entran en juego para formar opciones, hasta llegar a los compuestos cruciales. La química es un desarrollo de la física que estudia la manera como el electromagnetismo nos da enlaces de todo tipo entre los átomos. En el electromagnetismo se esconde la manera en que los átomos adquieren el comportamiento que origina enlaces iónicos y covalentes.

Los átomos construidos de partículas elementales —que ahora conocemos como quarks y leptones— interaccionan de tal forma que hacen posible los protones y neutrones que los forman. Si tan sólo alguna de estas partículas elementales no existiera, o si la fuerza con que los quarks se atraen entre sí fuera un poco menor o un poco mayor a la existente, toda la química como la conocemos sería imposible.

Todo parece indicar que las leyes que gobiernan a estas partículas, la masa que tienen, las cargas que llevan, han sido elegidas con asombrosa exactitud para que se desencadenaran todos los procesos que conducirían a la vida y a la inteligencia humanas.

La densidad media de materia en el universo parece ser exactamente igual a la que es necesaria para la construcción de estrellas y galaxias. La fuerza de gravedad que regula las grandes escalas del universo ajusta su magnitud, de manera tal que el universo no se colapsa antes de permitir el florecimiento de la vida. Pero si la expansión hubiera sido más rápida de lo que fue, toda la materia contenida en el cosmos se habría dispersado separándose antes de condensarse en grandes estructuras. Si el impulso inicial no hubiera sido lo suficientemente grande, todo se hubiera detenido demasiado rápido para contraerse de nuevo en un crujido final.

¿Es que el universo ha sido diseñado a la medida para permitir la existencia del hombre?

La gravedad es tan fuerte como para mantenernos en la superficie del planeta, pero no tanto como para producir una presión excesiva en el interior de las estrellas, que las llevaría a quemar todo el combustible muy rápido acortando los tiempos que, por su brevedad, impedirían el desarrollo de las cosas.

La gravedad ha hecho posible a las estrellas, donde una frágil sucesión de eventos conduce a la producción de elementos pesados. Ahí, en el extremo de las más altas temperaturas y presiones, ocurre el fenómeno que hace posible al carbono. Para muchos físicos, este elemento es el resultado de tres procesos dispuestos con una cautela insólita para permitir su abundante presencia. Las propiedades de este elemento harán lo necesario para que el prodigio de la diversidad resulte en material biológico.

Algunos piensan que todo esto se desmoronaría si las leyes del electromagnetismo, la atracción nuclear, la fuerza gravitacional y la interacción débil no confabularan cuidadosamente para que nosotros estemos aquí.

Un buen número de científicos y mucha gente en el mundo están convencidos de que el universo ha sido creado con un diseño específico por un agente externo. La idea de diseño inteligente puede ser expresada como lo hace Paul Davis:

> La estructura de muchos de los sistemas familiares observados en la naturaleza es determinada por un número relativamente pequeño de constantes universales. Si estas constantes hubieran tomado valores numéricos diferentes de los observados, la estructura de estos sistemas, en consecuencia, habría sido diferente. Especialmente interesante es que, en muchos casos, solamente una leve alteración de estos valores resultaría en una reestructuración drástica de los sistemas involucrados. Obviamente, la organización particular de nuestro mundo ha sido posible solamente por alguna forma dedicada de ajuste fino de estos valores.[14]

Por supuesto existen muchas variantes alrededor del gran diseño que son apoyadas por organizaciones y religiones, como una nueva manera de oponerse a la exploración científica. Aunque algunos seguidores de este movimiento dicen no tener nada en contra de la ciencia, sí les resulta inaceptable que el universo sea el producto impersonal de leyes naturales que son estudiadas por la física, la química, la biología y las

[14] Paul Davis, "The Accidental Universe", p. 60.

matemáticas. Su interés por la ciencia llega al punto de conveniencia que permite usar los resultados de estas disciplinas para mostrar que han descubierto la calibración fina de la creación.

En la versión más robusta del gran diseño, la indulgencia de un agente externo se manifiesta no en los hechos que conducen al fin deseado en cada paso. De ser así, podríamos percatarnos de su presencia en cada reacción química que no se sostendría sin la intromisión sobrenatural. La mediación del diseñador sería necesaria en todo momento. Los partidarios del gran diseño están de acuerdo con que lo necesario es más fundamental y más sintético, a saber, fijar las constantes naturales para que, una vez determinadas, conduzcan a la gran obra que vemos a nuestro derredor.

La física ha logrado construir un marco descriptivo, que si bien tiene mucho por delante para ser completo, nos da un esquema plausible del origen y desarrollo del Universo. Para esto se requieren poco más de una docena de constantes naturales. Los valores de estas constantes aseguran todo lo demás. ¿Por qué estas constantes tienen el valor que tienen y no otro? ¿Son el resultado de una calibración fina ejercida por un agente externo que determina los valores exactos, garantes de vida al final del largo camino? ¿O es que la física nos puede decir cómo se puede tener un tal conjunto de valores para las constantes naturales sin la necesidad de recurrir a una intervención divina?

Multiversos

Desde que se originó el Universo hasta la aparición de la conciencia de nuestros días no sólo han pasado 13,800 millones de años, ha ocurrido además un gigantesco número de eventos que de manera accidental fueron conduciendo el desarrollo de las cosas. En particular, esa larga serie de acontecimientos nos ha hecho posibles. Por si esto fuera poco, todos los incidentes en la secuencia parecen obedecer a un diseño que determina de manera precisa el final de cada acontecimiento. Esta es la postura religiosa compartida por varios científicos que han claudicado ante la prolija lista de acontecimientos que no pueden ser más considerados como una cadena de coincidencias.

¿Cómo podemos explicar desde la física el hecho de que las leyes naturales sean tan benevolentes?

Los hechos se pueden trazar uno a uno como hemos hecho aquí al comenzar con la conciencia que se origina una vez que la vida se ha establecido. Ésta, a su vez, se logró con el comienzo de un entramado de reacciones químicas, etcétera.

Al final tenemos un conjunto de constantes naturales que desde un principio determinaron el futuro y el destino del Universo que sería habitable por tener precisamente los valores que tenían.

La respuesta científica a esta pregunta surge de manera inevitable en el desarrollo de las nuevas ideas de la física que nos muestra que la existencia de un agente externo en realidad es sólo una ilusión provocada por la diversidad.

Todas las teorías que se desarrollan en múltiples vertientes parecen mostrar que nuestro universo podría ser sólo uno de los muchos posibles, como una de las muchas "burbujas en una copa de champagne",[15] en la que otras burbujas representan Universos con diferentes leyes físicas y condiciones distintas. Cada uno de estos universos han sido dotados de una densidad de materia y de un conjunto de valores a las constantes de manera tal que el nuestro, por simple azar, ha sido portador de vida.

De esta manera, la física moderna parece estar llegando a lo que Leonard Susskind llama: "el darwinismo de los físicos".[16]

---

[15] Leonard Susskind, "The Cosmic Landscape".

[16] Leonard Susskind, *op. cit.*

La teoría de cuerdas es uno de los planteamientos teóricos que pretende describir todas las interacciones existentes, i.e. la gravitacional, electromagnética, fuerte y débil. La teoría aún está en proceso de desarrollo, pero desde que comenzó ha tropezado con problemas conceptuales que poco a poco ha ido superando. Uno de ellos es la necesidad de introducir un número de dimensiones superior al que nuestros sentidos perciben en términos de largo ancho y alto, es decir, tres dimensiones espaciales y una temporal. El número de dimensiones necesario en la teoría de cuerdas ha conducido a la necesidad de desarrollar métodos matemáticos para "compactar" las dimensiones extras. En el proceso de "compactación" se reducen a escalas microscópicas las dimensiones que no vemos a nuestro derredor. Así se explica el hecho de que no aparezcan para nuestros sentidos. Cuando los físicos de cuerdas se dieron cuenta de que la reducción de estas dimensiones a escalas imperceptibles se podía hacer de muchas formas —donde muchas no significan 10 o 20, sino millones—, entonces vino la depresión colectiva, pero no generalizada. El detalle está en que hacerlo de una manera genera una teoría que describe un universo con ciertas características, pero cuando compactamos dimensiones de otra manera la teoría que resulta describe otro universo distinto. Algunos de los físicos siguieron pensando que algún principio matemático, aún por descubrir, revelaría la manera de eliminar todas las posibilidades excepto una: la nuestra, la que corresponde con el Universo en que vivimos.

La teoría de cuerdas es tan prolífica en universos que uno puede acomodar cualquier fenómeno observado en la realidad a una de los millones de posibilidades que existen en sus matemáticas. Cada configuración del espacio-tiempo que resulta de compactar las dimensiones extras en la teoría de cuerdas da un valor de energía para el vacío, y no existen dos con valores de vacío igual. Cada valor de energía del vacío corresponde a una constante cosmológica, i.e. a una densidad del universo que, como hemos discutido, es crucial para que existamos. Existen más de 10^{500} diferentes “universos”, algunos muy similares al nuestro, es decir, a un universo con cuatro dimensiones, con partículas como las que vemos en nuestro mundo, etcétera. En la teoría de cuerdas existen millones de distintos universos con condiciones, leyes y constantes naturales diferentes. Algunos de ellos son muy parecidos al nuestro, pero otros pueden ser muy distintos.

El que exista un número casi infinito de soluciones fue visto por muchos como un problema de la teoría. Para otros, este hecho fue considerado como la explicación de que nosotros estemos en un Universo con los valores justos de las constantes naturales para generar vida e inteligencia. La mayoría de los universos que se deben haber generado contienen valores de constantes físicas que no conducen a universos habitables. De modo que resulta natural que nosotros vivamos en uno de los universos que, como resultado de la gran diversidad, es el más amigable. Esto explica que nuestro planeta se encuentre a la distancia adecuada del Sol, como resultado de una ley de gravedad amistosa con la vida. La estructura del carbono cifrada en sus electrones y la manera como estos interaccionan eléctricamente con el núcleo, se debe al valor de la constante que regula la interacción electromagnética y así en adelante, todos los sucesos afortunados que llevan hasta nosotros son el resultado de uno entre miles de millones de universos que no tienen las propiedades adecuadas para albergar vida.

El número 10^{500} —un uno seguido de quinientos ceros— es un número descomunal. Un número así de universos es tan grande que no será difícil encontrar algunos con los valores precisos que garanticen un universo habitable. Alguna gente estima que deben existir algunos millones de universos con valores de constante cosmológica adecuada. Algunos millones son pocos en este número inmenso de posibilidades que representa 10^{500}. En estas circunstancias, no es necesaria la calibración fina para llegar a ser lo que somos.

La teoría de cuerdas tiene muchos detractores. Muchos físicos la consideran altamente especulativa, carente de lazos con la realidad, y piensan que debería ser sometida a prueba como cualquier otra. Entre los físicos hay muchos que creen que sólo debemos describir lo que vemos y no especular sobre lo que no vemos. La idea de múltiples universos que surgen de sus matemáticas puede no ser muy satisfactoria para los que ven en la teoría de cuerdas una conjetura matemática que no es falsificable en los experimentos.

Sin embargo, la producción de universos al mayoreo no es exclusiva de la teoría de cuerdas. El modelo estándar que todos aceptamos como esquema descriptivo de las partículas elementales recientemente ha sido confirmado con la observación del bosón de Higgs. En el capítulo 7 vimos cómo este campo escalar puede ser el mismo responsable de la inflación cósmica. Ahí discutimos cómo un campo de este tipo debió existir en el Universo temprano que se encontraba en un estado de equilibrio metaestable, que llamamos falso vacío. Durante unos instantes, en este estado el universo se infló en consecuencia de la presión negativa que éste ejerce sobre el espacio-tiempo. En la búsqueda del equilibrio estable, el universo alcanzó el estado de verdadero vacío y, al hacerlo, liberó toda la energía contenida en calor y partículas. A esta nueva fase la conocemos como recalentamiento. Todo ello es parte del modelo cosmológico ampliamente aceptado. Ahora sólo necesitamos introducir en el modelo estándar una centena de campos escalares similares al campo de Higgs para generar una gran cantidad de universos con procesos de inflación que hagan explotar al espacio-tiempo a velocidades mayores que la de la luz, llevándolos a crecer de manera brutal para formar universos aquí y allá. Ésta es una forma estándar de introducir diversidad de universos con variedad de valores de vacío, constantes cosmológicas y, por tanto, destinos distintos.

La inflación así planteada constituye una fase del desarrollo del Universo que se presenta después del *Big Bang*. Unos años después de que se propusiera como tal, Andrei Linde sugirió la posibilidad de una inflación continua que sustituye al *Big Bang*. La teoría se llama inflación caótica y esboza un campo escalar con una forma parabólica similar a una "U", que da la energía del universo. Según ésta, el Universo debió empezar con una energía muy alta ubicándose en un lado del potencial para caer gradualmente hacia la posición de equilibrio en el fondo de la parábola. La energía disipada debió producir partículas de diferente masa con todo lo necesario para formar el universo. Este modelo, además de resolver varios de los problemas presentes en la teoría del *Big Bang*, genera múltiples universos que se reproducen eternamente. El poder de un infinito número de universos es tal que uno puede pensar en todo lo que posiblemente pasaría como la realidad presente en otros universos. De tal manera que, en este momento, usted mismo está leyendo este libro en otro idioma en el mismo planeta que es una réplica exacta del nuestro. En otro universo más usted descubrió el mecanismo mediante el cual se genera la conciencia y habrá un universo donde usted es justamente lo que no quiere llegar a ser nunca. Por supuesto, también existen universos donde la vida no existe porque las leyes naturales y los valores de las constantes naturales no lo permiten. Nuestro Universo fluctúa y se reproduce una y otra vez incesantemente para producir todas las maneras posibles de todos y cada uno de los acontecimientos.

Una de las preguntas frecuentes en la teoría del *Big Bang* es qué había antes de que éste ocurriese. Según la teoría de la inflación caótica, antes había un universo del que surgió el nuestro como resultado de un cambio alterno de una región continua de espacio-tiempo.

Diversidad creadora

La Tierra no es más que un planeta entre muchos otros que constituyen numerosos sistemas solares de millares de galaxias de un amplio universo. El universo mismo quizá es sólo uno, en el incalculable número de multiversos que se gobiernan por leyes propias de la más variada suerte. En esta pluralidad de posibilidades, el arreglo más adecuado para la vida se realiza de manera natural en el nuestro como resultado inevitable de un ingente número de formas que acabará por producir las leyes y las constantes naturales propicias.

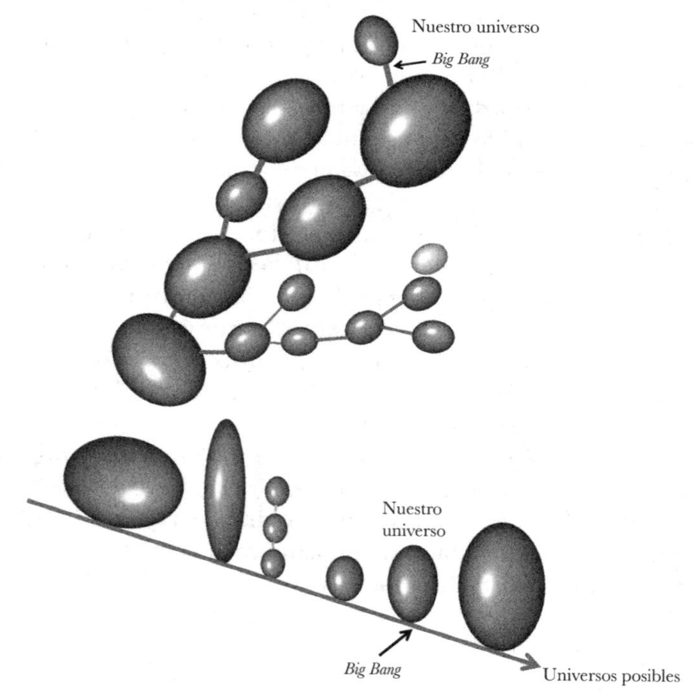

Multiversos en la teoría de la inflación continua (arriba). Conjunto de universos con distintos valores de constantes naturales (abajo).

La variedad de maneras como el carbono se une consigo mismo y con otros elementos para multiplicar geometrías y la cantidad inconcebible de arreglos que el ADN puede tomar, acabarán dando vida porque en miles de millones de años las combinaciones fortuitas producirán las justas y necesarias para que eso ocurra.

El número de pares de bases en una cadena de ADN humano es de 3,200 millones. Para cada par existen cuatro posibles arreglos —ya que existen cuatro bases posibles—, de forma que una cadena de ADN humano se puede formar de $4^{3200000000}$ formas distintas. Éste es un número tan grande que resulta imposible de imaginar. Dicha manera de multiplicar alternativas de la naturaleza genera tantas opciones que la probabilidad de encontrar la más apta no es consecuencia de un milagro, sino de una admirable manera de potenciar composiciones.

El árbol de la vida está formado de una infinidad de ramas que caracterizan especies animales y vegetales. Las ramas se multiplican antes de acabar en la extinción. El final de cada rama es un deceso, una opción que, antes de morir, deja alternativas de supervivencia. El número de bifurcaciones es mayor al número de terminaciones: hay más retoños que óbitos, más comienzos que finales y por eso el árbol crece esparciéndose con exuberancia. En tal profusión de configuraciones, seguir una rama nos llevará, con seguridad, a una extinción. La probabilidad de encontrar inteligencia siguiendo un camino es casi cero. Sin embargo, si el árbol crece el tiempo suficiente, la multiplicidad de estructuras podrá producir un brote que lentamente descollará para despuntar en pensamientos. Ese singular camino, por sí solo, desaparece en una multitud de composiciones de la espesa maraña y, sin embargo, se distingue en la fragosidad para ocuparnos por completo. Desde esta perspectiva no hay un gran diseñador ni un milagro creador, sólo las leyes que gobiernan a los grandes números.

Palabras finales

Los hombres y las mujeres de nuestro tiempo no se han conformado con las leyendas de gigantes, dioses y hechiceros que relatan el origen de las cosas; tampoco se han resignado a vivir en los límites de la cotidiana preocupación de sus asuntos ordinarios.

Los físicos de nuestros días construyen grandes detectores, asombrosos telescopios, sofisticados satélites y complejos aceleradores de partículas. Asimismo, se entregan a largas jornadas de trabajo en ambientes hostiles. Trabajan a deshoras en cavernas bajo toneladas de molasa y roca, cargando pesadas cajas de herramienta, con dosímetros de radiación y equipos especiales que los pongan a salvo de la asfixia, si algún accidente ocurriera. Se exponen al frío de la Antártida y permanecen horas interminables frente a sus computadoras buscando un significado a los datos que registran. Uno podría pensar que se trata de aventureros, pero no es así. Sobre la actividad científica en el terreno de la antropología, decía Claude Levi Strauss: "La aventura no cabe en la profesión del etnógrafo; no es más que una carga; entorpece el trabajo eficaz con el peso de las semanas o de los meses perdidos en el camino; horas ociosas mientras el informante se escabulle; hambre, fatiga y hasta enfermedad; y siempre, esas mil tareas ingratas que van consumiendo los días inútilmente."[1]

---

[1] Claude Lévi-Strauss, *Tristes trópicos*, p. 9.

En ese afán por descifrar también hay algo misterioso. Nos hemos esforzado por entender al universo, empeño que quizá sea una de las pocas cosas que nos llevan a ser algo más que un arreglo biológico determinado por la química del carbono.

En esa mota de luz que surgió del vacío está todo lo que somos y, por triste que esto pueda ser, "El mundo comenzó sin el hombre y acabara sin él".[2] No obstante hemos elegido el camino y caminamos. Esto quizá no sólo es alegría de vivir, puede también ser la forma más elevada de nuestra propia existencia y el sentido de todas las cosas.

La cultura tiene sentido sólo en relación con nosotros mismos, y es por eso una realidad inventada que desaparecerá cuando no estemos. Cuando el Sol se apague, cuando las estrellas pierdan su brillo y la noche se extienda más allá de la alborada, no habrá más ecuaciones ni simetrías, el orden que encontramos se desvanecerá con el último aliento humano. Los resultados de nuestra creatividad y la gran construcción del Universo que hemos hecho terminarán con el último latido.

Con todo esto, existimos, somos percepciones y sentimientos de un apiñado arreglo de átomos capaces de producir sueños. Asumimos un guion que le da sentido a nuestras vidas y nos oponemos al caos y a la decadencia ineluctable. Elegimos la apariencia porque es la única opción posible. Ordenamos el universo y con ello recreamos nuestro propio mundo en un acto sublime que nos otorga un lugar en la naturaleza.

Y, siendo así, tenemos la gran fortuna de sentir al Sol golpeando nuestros parpados y tendremos también el privilegio de la última mirada. La mirada más completa, la más transparente, la que nos permite confirmar que somos parte de la historia más grande jamás contada.

---

[2] *Idem.*

Glosario

Acelerador de partículas: máquina que aumenta la energía de partículas cargadas.

Agujero de gusano: tubo de espacio-tiempo que conecta dos regiones del universo.

Agujero negro: concentración de masa muy alta que genera un campo gravitacional tan fuerte que nada, ni siquiera la luz, puede escapar de él. La concentración alta de masa genera una curvatura del espacio-tiempo que está prevista en la teoría de la relatividad general. Se especula que en el centro de nuestra galaxia hay un agujero negro.

Aminoácido: molécula orgánica formada por un amino (NH_2) y un carboxilo (COOH). Los aminoácidos naturales están codificados en el genoma, es decir, son producidos en la célula. Existen 20 aminoácidos canónicos o naturales.

Año luz: distancia que recorre la luz en un año.

Barión: palabra de origen griego (*barys*) que significa *pesado*. Se usa para denotar las partículas que están compuestas por tres quarks. Ejemplos de bariones son los protones y neutrones.

Bosones W y Z: partículas responsables de una de las cuatro interacciones fundamentales, la interacción débil. Éstas tienen una masa muy grande de aproximadamente 80 y 90 veces la masa del protón, respectivamente.

Campo: modificación del espacio-tiempo en todos sus puntos en contraposición de una partícula que se localiza de manera definida en un punto del espacio y en un tiempo preciso.

Campo escalar: campo que tiene una magnitud definida (campo clásico) en todos los puntos del espacio, pero no dirección ni sentido. El campo de Higgs es un campo escalar que no es clásico sino cuántico. La naturaleza cuántica del campo de Higgs no permite definir cantidades más allá del principio de incertidumbre.

Campo vectorial: campo que además de tener definida una magnitud posee también una dirección y un sentido en cada punto del espacio. Los campos eléctricos y magnéticos son campos vectoriales.

Carga de color: medida de intensidad del acoplamiento entre partículas que interaccionan por medio de la fuerza fuerte. Su naturaleza surge de una simetría, como en el caso de la simetría que origina la carga eléctrica.

Carga eléctrica: medida de intensidad del acoplamiento entre partículas que la poseen. La carga total se conserva. Entendemos la naturaleza de la carga como la consecuencia de una simetría.

Cianobacterias: bacterias fotosintéticas verdes, algunas veces llamadas algas azul verdes. Existen miles de tipos. Se piensa que fueron los organismos que liberaron el oxígeno que transformó la atmósfera del planeta.

Constante universal: cantidad invariable en todo el cosmos y que expresa alguna propiedad fundamental de éste.

Cosmos: la totalidad de las cosas.

Cromodinámica cuántica: es la teoría que describe una de las cuatro fuerzas fundamentales, la interacción fuerte. Los quarks interaccionan fuertemente y se dice que tienen una carga de color análogo de la carga eléctrica de la interacción electromagnética. Esta carga de color no está relacionada con la percepción óptica.

Dualidad: es una correspondencia entre dos teorías diferentes y que conducen a los mismos resultados físicos.

Efecto Doppler: cambio en la longitud de onda que se produce cuando un observador se desplaza respecto a la fuente emisora.

Electrón-voltio: es la energía que adquiere un electrón cuando es sometido a un potencial de un voltio. Se utiliza como unidad de energía. Un mega-electrón-voltio es un millón de electrón-voltios.

Energía oscura: contrario a la energía ordinaria que equivale a una cierta cantidad de masa (de acuerdo con la equivalencia entre masa y energía $E=mc^2$) y, por ende, tiene una influencia gravitacional atractiva, la energía oscura es repulsiva.

Escala de Planck: no existe un significado físico claro de esta escala. La longitud de Planck es la cantidad que tiene unidades de distancia y que puede formarse con constantes naturales. Combinando apropiadamente la velocidad de la luz, la constante gravitacional y la constante de Planck se obtiene: 1.6×10^{-35} *m* lo que representa una escala espacial extremadamente pequeña.

Espectro: banda de color producida por la luz que pasa por un prisma. Es una manera de determinar las frecuencias de la luz y se extiende para abarcar todas las frecuencias visibles o no.

Fosfato: compuesto por un átomo de fósforo rodeado por cuatro átomos de oxígeno en tetraedro.

Gluón: partícula responsable de una de las cuatro interacciones fundamentales, la interacción fuerte. Su nombre en inglés significa *pegamento.* Es el que mantiene unidos a los quarks para que formen hadrones.

Grados Kelvin: Temperatura medida en grados centígrados o Celsius desde el cero absoluto que se encuentra a -273.15 grados centígrados.

Hadrón: la palabra proviene del griego y significa *denso.* En la física de partículas elementales, esta partícula está formada por quarks que permanecen unidos por el efecto de la interacción fuerte.

Hadronización: uso coloquial en la física de partículas para decir que los quarks se agrupan para formar hadrones.

Holismo: corriente de pensamiento según la cual los fenómenos deben ser analizados como un todo y no a partir de sus componentes. El holismo considera que el todo es más que la suma de las partes y que éste no es descriptible en términos de las propiedades de los elementos que lo constituyen.

Ion: núcleo atómico con electrones que en su conjunto tiene una carga diferente de cero; átomo con carga positiva o negativa debido a la falta o exceso de electrones.

Isótopo: variante de un elemento químico que posee el mismo número de protones, pero distinto número de neutrones. Los isotopos de un elemento químico tienen las mismas propiedades químicas.

Jet: conjunto de partículas generadas por un quark o un gluón que se mueven en una dirección determinada.

Leptón: palabra de origen griego que significa *pequeño* o *ligero* introducida por L. Rosenfled en 1948 para designar a las partículas de masa pequeña como el electrón y neutrinos.[1] Hoy se usa de manera más general para nombrar a las partículas que no experimentan la interacción fuerte. Los leptones conocidos son el electrón, muón y tau además de sus neutrinos asociados.

Materia oscura: así se ha dado en llamar a la materia en las galaxias y los cúmulos de galaxias que no puede ser observada de manera directa, pero que ejerce influencia en otros cuerpos por su campo gravitatorio. La materia oscura no es oscura, sería más apropiado llamarla materia invisible, como apunta Roger Penrose.[2]

[1] Lee Glashow Sheldon, "Interactions".

[2] Roger Penrose, *Los ciclos del tiempo. Una extraordinaria nueva visión del universo*, p. 262.

Mecánica cuántica: es la teoría que describe los fenómenos microscópicos donde las partículas manifiestan comportamiento de ondas.

Mesón: el término introducido en 1939 por el físico hindú H. J. Bhaba para denotar a las partículas con masa mediana, entre la masa del electrón y la del protón.[3] Se utiliza para denominar a las partículas compuestas por un quark y un anti-quark. Ejemplos de mesones son el pión y el kaón.

Metabolismo: procesos químicos y físicos que ocurren en los organismos vivos y que involucran el reemplazo constante de sus constituyentes químicos.

Monopolo: partícula hipotética sugerida por Dirac en 1930. Unidad de magnetismo en similitud al electrón como unidad de carga eléctrica. Esta partícula sería algo así como uno de los polos de un imán. La búsqueda de monopolos magnéticos, hasta ahora, ha fracasado.

Multiversos: hipótesis que establece la existencia de más universos separados y distintos.

Nanosegundo: Una mil millonésima de segundo. En notación científica es 10^{-9} segundos.

Neutrón: uno de los constituyentes de los núcleos atómicos. Tiene una masa de 1.6727×10^{-27} kilogramos y una carga eléctrica cero, es decir, que es eléctricamente neutro. Sabemos que está formado por tres quarks con la combinación de (udd), es decir, un quark *up* (u) y dos quarks *down* (d).

Neutrino: partícula elemental llamada así por Enrico Fermi para indicar en italiano “pequeño neutrón”. Existen tres tipos de neutrino: electrónico, muónico y taónico. Hasta hace poco se pensaba que no tenían masa, hoy se sabe que es muy pequeña.

Partícula alfa: es un núcleo de helio que está formado por dos protones y dos neutrones.

---

[3] Lee Glashow Sheldon, *op. cit.*

Partícula elemental: componente de la materia que no está formada de otras. Actualmente pensamos que existen 12 de estas partículas elementales: seis leptones y seis quarks. Además, existen campos de fuerza fundamentales y el campo de Higgs que, no siendo de fuerza ni de materia, le da inercia a todas las que tienen masa.

Plasma: estado de la materia en la que ésta ha sido calentada a tal punto, que los electrones se desprenden de los átomos y se encuentran libres de moverse en el medio. A estos plasmas se los conoce como electromagnéticos. Por extensión, se piensa que un "plasma de quarks y de gluones" es el que se obtiene al separar los quarks y los gluones para que se muevan libremente a muy alta temperatura.

Polarización: orientación en la oscilación de una onda o en el eje de rotación de un objeto que gira. En la luz polarizada, los campos eléctricos tienen una dirección definida.

Pión: fue descubierto en 1948 en la radiación cósmica. Uno de sus descubridores es el físico brasileño Cesar Lattes. Hoy sabemos que el pión está constituido por un quark y un antiquark.

Proteína: molécula grande formada de carbono, hidrógeno, oxígeno, nitrógeno y, en ocasiones, también de azufre y fósforo. Son polímeros (cadenas) formadas de aminoácidos. Desempeñan muchas funciones en la célula como: estructurales —en las membranas—, catalítica de reacciones biológicas, de transporte, de contracción muscular, nutritiva, defensiva, reguladora hormonal, anticoagulante etcétera.

Protón: uno de los constituyentes de los núcleos atómicos. Tiene una masa de 1.6702 x 10^{-27} kilogramos y una carga eléctrica cero, es decir, que es eléctricamente neutro. Sabemos que está formado por tres quarks con la combinación de (uud), es decir, dos quarks *up* (u) y un quark *down* (d).

Púlsar: estrella compuesta principalmente de neutrones que alcanza una densidad muy grande. Puede tener un diámetro de 10 kilómetros y una masa superior a la del Sol. Estos objetos giran a gran velocidad y tienen un campo magnético muy intenso. Envían ráfagas regulares de radiación electromagnéticas detectables en la Tierra.

Rayos cósmicos: radiación que penetra constantemente en la atmósfera terrestre desde el espacio exterior.

Reduccionismo: corriente de pensamiento según la cual es posible, por lo menos en principio, explicar un fenómeno a partir de las propiedades de sus constituyentes. Es la aproximación de las ciencias exactas.

Replicación: proceso que ocurre cuando una estructura como el ADN o un cristal produce una segunda estructura que es copia exacta de la original.

Supernova: explosión extraordinariamente violenta de una estrella. El brillo dura varios días y puede superar el brillo de la galaxia donde se produjo.

Superfluidez: es la ausencia de viscosidad en un líquido. Toma lugar a muy bajas temperaturas. El helio se convierte en líquido a los 2.17 grados kelvin y a 1.9 grados por arriba del cero absoluto es superfluido. Tiene otras propiedades interesantes como la conductividad eléctrica muy alta (30 veces la del cobre).

Teología apofática: también conocida como teología negativa, según la cual sólo es posible conocer lo que “Dios no es”, ya que es imposible comprender la divinidad pues ésta trasciende la realidad física.

Teología patrística: el nombre de esta teología deriva de la expresión “los padres de la iglesia”, que se refiere a los teólogos que fundaron el dogma de la doctrina considerada fundamento de la fe católica. San Agustín se cuenta entre “los padres de la iglesia”, como uno de su más destacados pensadores.

Teoría de la relatividad, especial: teoría que describe el comportamiento de los cuerpos que se mueven a velocidad fija. Parte de que la luz se mueve a velocidad constante en el vacío para todos los sistemas de referencia, es decir, que es imposible encontrar uno donde la luz viaje a una velocidad mayor o menor.

Teoría de la relatividad, general: teoría que describe el comportamiento de los cuerpos que se mueven aceleradamente, es decir, con velocidad que cambia continuamente. En ella se establece que la aceleración y la gravedad son dos aspectos de la misma realidad y, por tanto, la teoría general de la relatividad describe al campo gravitatorio. La idea básica es que es imposible distinguir entre un cuerpo que se encuentre acelerado de manera uniforme y un campo gravitacional uniforme.

Viscosidad: propiedad de los fluidos de resistirse a cambiar de forma. Es una medida de fricción interna.

Bibliografía

Álvarez Leefmans, Francisco Javier y Ramón de la Fuente, *Biología de la mente*, México, El Colegio Nacional / Fondo de Cultura Económica, 1998.

Atkins, Peter, "The Higgs Is Another Nail in the Coffin of Religion", http://www.bbc.co.uk/news/world-radio-and-tv-18712238.

Bohr, Niels, "On the Constitution of Atoms and Molecules", en *Philosophical Magazine* (julio de 1913), vol. 26, pp. 1-25.

Chalmers, David, "The Puzzle of Conscious Experience", en *Scientific American* (1995), vol. 273, pp. 80-86.

Char, René, "Hojas de Hipnos", en *Material de lectura*, http://www.literatura.unam.mx.

Charitos, Panos, "Interview with Juan Maldacena", en ALICE *Matters* (enero de 2014), http://alicematters.web.cern.ch/?q=InterviewMaldacena.

Chyba, C. F., Thomas, P. J., Brookshaw, L., Sagan, C., "Cometary Delivery of Organic Molecules to the Early Earth", en *Science*, núm. 249 (1990), pp. 366-373.

Crick, Francis, *La búsqueda científica del alma*, Barcelona, Debate, 1994.

———, *Life Itself: Its Origin and Nature*, Nueva York, Simon & Schuster, 1981.

CSIRO Australia, "How the Universe has cooled since the Big Bang fits Big Bang Theory", en *ScienceDaily* (23 de enero de 2013), www.sciencedaily.com/releases/2013/01/130123101622.htm.

Curtis, Helena *et al.*, *Curtis. Biología*, Buenos Aires, Editorial Médica Panamericana, 2008.

Davies, Paul (ed.), *The New Physics*, Cambridge University Press, 1989.

——, *The Accidental Universe*, Cambridge University Press, 1982.

Derrida, Jacques, *The Gift of Death*, University of Chicago Press, 1996.

Eagleton, Terry, *Reason Faith and Revolution: Reflections on the God Debate*, Yale University Press, 2009.

Eccles, John Carew, *Wie das Selbst sein Gehirn steuert*, Munich, Piper, 1996.

Elýtis, Odysséas, *The Collected Poems of Odysseus Elytis*, Trad. Jeffrey Carson y Nikos Sarris, The Johns Hopkins University Press, 2004.

——, *Calendario de un abril invisible*. Buenos Aires, Instituto de Cultura Griega, 1988.

Florovsky, Georges, *Christianity and Culture*, Belmont, Nordland Publishing Company, 1974.

Gamow, George, *The Creation of the Universe*, Dover Publications, 2004.

Glashow, Sheldon Lee, *Interactions: A Journey Through the Mind of a Particle Physicist and the Matter of this World*, Nueva York, Warner Books, 1988.

Goenner, Hubert, *Einfüehrung in die Kosmologie*, Verlag, Spektrum Akademischer, 1994.

Grossman, Lisa, "Dark Energy Could Be the Offspring of the Higgs Boson", en *New Scientist* (21 de agosto de 2013), https://www.newscientist.com/article/dn24043-dark-energy-could-be-the-offspring-of-the-higgs-boson/

Guth, Alan, *Die Geburt des Kosmos aus dem Nichts: Die Theorie des inflationären Universums*, Munich, Droemer Knaur, 2002.

—— y Paul Steinhardt, "The Inflationary Universe", en *The New Physics*, Cambridge University Press, 2000, pp. 34-60.

Herrera Corral, Gerardo, "El Universo bebé", en *Avance y Perspectiva* (2014), http://avanceyperspectiva.cinvestav.mx/category/dossier.

Icke, Vincent, *The Force of Symmetry*, Cambridge University Press, 1995.

Jenkin, John G., "Atomic Energy is 'Moonshine': What did Rutherford Really Mean?", en *Physics in Perspective* (2011), vol. 13, pp. 128-145.

Krauss, Lawrence M., *A Universe from Nothing: Why There is Something Rather than Nothing*, Nueva York, Free Press, 2012.

Lazcano, Antonio y Stanley L. Miller, "How Long Did it Take for Life to Begin and Evolve to Cyanobacteria", en *Journal of Molecular Evolution*, núm. 6 (1994), vol. 39, pp. 546-554.

Lederman, Leon M. y Dick. Teresi, *The God Particle: If Universe is the Answer, What Is the Question?*, Nueva York, Dell Publishing, 1993.

Lévi-Strauss, Claude, *Tristes trópicos*, Barcelona, Paidós, 1992.

Maldacena, Juan, "The Illusion of Gravity", en *Scientific American* (noviembre de 2005), pp. 57-63.

Milbank, John, Catherine Pickstock y Graham Ward (eds.), *Radical Orthodoxy: A New Theology*, Londres, Routledge, 1999.

Musser, George, *The Complete Idiot's Guide to String Theory*, Nueva York, Alpha, 2008.

Oberbeck, V. R. y G. Fogleman, "Impact Constraints on the Environment for Chemical Evolution and the Continuity of Life", en *Origins of Life and Evolution of Biospheres*, núm. 20 (1990), pp. 181-195.

Oparin, Aleksandr, *El origen de la vida*, México, Editores Mexicanos Unidos, 1977.

Particle Data Group, "The Cosmological Parameters", en *Review of Particle Physics, Chinese Physics C*, vol. 38, núm. 9 (2014).

Penrose, Roger, *La mente nueva del emperador*, Barcelona, Mondadori, 1991.

———, *The Road to Reality*, Nueva York, Alfred A. Knopf, 2004.

———, *Los ciclos del tiempo. Una extraordinaria nueva visión del universo*, Barcelona, Debate, 2010.

Phillips, Tony, "There Is no God (Damn) Particle", http://www.huffingtonpost.com/tony-phillips/theres-no-god-damn-partic_b_1645525.html.

Quintanilla, Susana, "Arturo Rosenblueth y Norbert Winer: dos científicos en la historiografía de la educación contemporánea", en

Revista Mexicana de Investigación Educativa, núm. 15 (mayo-agosto de 2002), vol. 7, pp. 303-329.

Ranke-Heinemann, Uta, *No y amén*, Madrid, Trotta, 1998.

Ricardo, Alonso y Jack W. Szostak, "The Origin of Life on Earth", en *Scientific American* (septiembre de 2009), pp. 54-61.

Romo, Ranulfo, "Crónicas cerebrales", discurso de ingreso a El Colegio Nacional, 2011.

Rudomín, Pablo (ed.), *Arturo Rosenblueth. Fisiología y filosofía*, México, El Colegio Nacional, 1996.

———, "Mecanismos de control de la información sensorial en la espina dorsal de los vertebrados", discurso de ingreso a El Colegio Nacional, 1993.

Schopf, J. William, "Microfossils of the Early Archean Apex Chert: New Evidence of the Antiquity of Life", en *Science*, núm. 260 (1993), pp. 640-646.

Searle, John R., *The Mystery of Consciousness*, Nueva York, New York Review of Books, 1997.

———, *La mente. Una breve introducción*, Bogotá, Norma, 2006.

Susskind, Leonard, *The Cosmic Landscape: String Theory and the Illusion of Intelligent Desing*, Nueva York, Back Bay Books, 2006.

Than, Ker, "Densest Matter Created in the Big-Bang Machine", en *National Geographic News* (mayo de 2011).

Tulin, Sean y Géraldine Servant, "Higgsogenesis", artículo aceptado para publicación en *Physical Review Letters*.

Vlasov, I. y D. Trifonov, *Química recreativa*, México, Ediciones de Cultura Popular, 1975.

Watson, James D., *The Double Helix*, Nueva York, Mentor Books, 1968.

Weinberg, Steven, *The First Three Minutes*. Flamingo / Fontana Paperbacks, 1973.

Universo de Gerardo Herrera Corral
se terminó de imprimir en octubre de 2021
en los talleres de
Impresora Tauro, S.A. de C.V.
Av. Año de Juárez 343, col. Granjas San Antonio,
Ciudad de México